**STARK**

Hessen · Realschule

# Formelsammlung

## Mathematik
## Physik
## Chemie

# Inhalt

## Mathematik

### Zahlenbereiche und Zahlensysteme

### Grundlagen des Rechnens

### Funktionen

## Prozent- und Zinsrechnen

## Ebene Geometrie

## Räumliche Geometrie

# Chemie

# Anhang Mathematik

# Stichwortverzeichnis

**Autoren:**
Mathematik: Richard Moschner und Verlagsredaktion
Physik: Christoph Müller
Chemie: Barbara Weigl

# Vorwort

Liebe Schülerinnen und Schüler,

diese Formelsammlung soll euer Begleiter im Schulalltag von der **Klasse 5 bis zur Klasse 10** sein.

Die Formeln, die in den höheren Klassen gebraucht werden, bleiben für euch immer durchschaubar, denn es ist nicht schwer herauszufinden, aus welchen einfachen Bausteinen sie sich zusammensetzen. Beispielsweise lernt man schon im 5. Schuljahr den Flächeninhalt eines Quadrates kennen: $A = a^2$. Im 8. Schuljahr wird der Flächeninhalt des Dreiecks behandelt: $A = \frac{c \cdot h_c}{2}$. Im 10. Schuljahr soll die Oberfläche einer quadratischen Pyramide berechnet werden. Ihr entdeckt die Formel: $O = a^2 + 4 \cdot \frac{a \cdot h_s}{2}$. Wer sie genauer betrachtet, wird darin die Grundbausteine aus den unteren Klassen wieder erkennen.

Der Text und die Zeichnungen innerhalb der Formelsammlung geben euch Auskunft über die Bedeutung der verwendeten Variablen und Größen. Im Beispiel oben taucht die Variable $h_s$ auf. Diese Formelsammlung liefert die Erklärung; es ist die „Höhe der Seitenfläche". Wer eine weiterführende Schule besuchen will, erfährt einige Grundlagen zum Aufbau der Zahlbereiche, zum Funktionsbegriff und zur Trigonometrie. Ein ausführliches Stichwortverzeichnis hilft euch bei der Suche nach allen Begriffen.

Viel Erfolg!

# Zahlenbereiche und Zahlensysteme

## 1 Zahlenbereiche

Die ersten Zahlen, mit denen der Mensch rechnete, waren die **natürlichen Zahlen**. Neue Zahlenbereiche wurden entdeckt, so z. B. die **Brüche** und die **negativen Zahlen**. Die **ganzen Zahlen** umfassen die natürlichen Zahlen, 0 und die negativen Zahlen. Die **rationalen Zahlen** umfassen alle positiven und negativen Brüche sowie 0. Der letzte hier erwähnte Bereich, die **reellen Zahlen**, entsteht, indem man die rationalen Zahlen um sämtliche Wurzeln aus positiven Zahlen erweitert. Zahlen wie $\sqrt{2}$ oder $\sqrt[3]{5}$, die sich nicht als Brüche schreiben lassen, werden **irrationale Zahlen** genannt. Zur Menge der irrationalen reellen Zahlen gehört auch die **Kreiszahl $\pi$**, die sich nicht als Wurzel aus einer positiven rationalen Zahl darstellen lässt.

| | |
|---|---|
| $\mathbb{N}$ | natürliche Zahlen: $\mathbb{N} = \{1; 2; 3; \dots\}$ |
| $\mathbb{N}_0$ | natürliche Zahlen mit Null: $\mathbb{N}_0 = \mathbb{N} \cup \{0\}$ |
| $\mathbb{Z}$ | ganze Zahlen: $\mathbb{Z} = \{\dots; -3; -2; -1; 0; 1; 2; 3; \dots\}$ |
| $\mathbb{Q}$ | rationale Zahlen: $\mathbb{Q} = \left\{\frac{m}{n} \mid m \in \mathbb{Z}, n \in \mathbb{N}\right\}$ |
| $\mathbb{Q}^+$ | positive rationale Zahlen |
| $\mathbb{Q}_0^+$ | nichtnegative rationale Zahlen |
| $\mathbb{R}$ | reelle Zahlen |
| $\mathbb{R}^+$ | positive reelle Zahlen |

Es gilt: $\mathbb{N} \subset \mathbb{N}_0 \subset \mathbb{Z} \subset \mathbb{Q} \subset \mathbb{R}$.

Reelle Zahlen können auf der **Zahlengeraden** dargestellt werden:

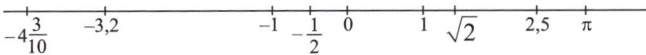

Der Abstand einer reellen Zahl a von 0 wird ihr **Betrag $|a|$** genannt.

---

**Betrag einer reellen Zahl**

Für eine reelle Zahl a ist ihr Betrag $|a|$ definiert durch

$$|a| = \begin{cases} a & \text{für } a > 0 \\ 0 & \text{für } a = 0 \\ -a & \text{für } a < 0 \end{cases}$$

---

# 2 Primzahlen

Eine natürliche Zahl heißt **Primzahl**, wenn sie nur durch 1 und durch sich selbst teilbar ist. Primzahlen besitzen also genau zwei Teiler.

---

**Die Primzahlen zwischen 1 und 100**

2; 3; 5; 7; 11; 13; 17; 19; 23; 29; 31; 37; 41; 43; 47; 53; 59; 61; 67; 71; 73; 79; 83; 89; 97

---

Jede natürliche Zahl a besitzt eine eindeutige **Primfaktorzerlegung** $a = 2^x \cdot 3^y \cdot 5^z \dots$.

# 3 Teiler und Vielfache natürlicher Zahlen

Eine natürliche Zahl b ist ein **Vielfaches** einer natürlichen Zahl a, wenn $b = n \cdot a$ für passendes $n \in \mathbb{N}$ gilt. In diesem Fall heißt a ein **Teiler** von b, in Zeichen **a | b**, gelesen „a teilt b".

---

**Teilbarkeitsregeln**

Für beliebige natürliche Zahlen n, m, $a \in \mathbb{N}$ gelten

$n \mid n$; $n \mid 0$; $1 \mid n$.

$a \mid m$ **und** $a \mid n$ $\Rightarrow$ $a \mid (m + n)$

$a \mid m$ **oder** $a \mid n$ $\Rightarrow$ $a \mid m \cdot n$

$a \mid m$ **und** $m \mid n$ $\Rightarrow$ $a \mid n$

---

**Teilermenge**
- Sämtliche Teiler einer natürlichen Zahl n bilden die Teilermenge $T_n = \{m \in \mathbb{N} \mid m \mid n\}$.
- Für eine Primzahl p ist $T_p = \{1; p\}$.
- Für $m \mid n$ gilt $T_m \subseteq T_n$.

**Vielfachenmenge**
- Die Menge aller Vielfachen einer natürlichen Zahl n, die Vielfachenmenge $V_n$, ist im Gegensatz zur Teilermenge $T_n$ eine unendliche Menge:
  $$V_n = \{n; 2 \cdot n; 3 \cdot n; \ldots\}$$
- Für $m \mid n$ gilt $V_n \subseteq V_m$.

**ggT und kgV**
- Der größte gemeinsame Teiler (ggT) zweier oder mehrerer natürlicher Zahlen ist die größte Zahl, die alle diese Zahlen teilt. Der ggT ist das größte Element aus der Schnittmenge der Teilermengen aller beteiligten Zahlen.
- Das kleinste gemeinsame Vielfache (kgV) zweier oder mehrerer natürlicher Zahlen ist die kleinste Zahl, die durch alle diese Zahlen teilbar ist. Das kgV ist das kleinste Element aus der Schnittmenge der Vielfachenmengen aller beteiligten Zahlen.
- Zwischen ggT und kgV zweier natürlicher Zahlen a und b besteht folgender Zusammenhang:
  $$ggT(a; b) \cdot kgV(a; b) = a \cdot b$$

**Teilerfremde natürliche Zahlen**
- Zwei natürliche Zahlen a und b heißen teilerfremd, wenn $ggT(a; b) = 1$ gilt.
- Für teilerfremde natürliche Zahlen a und b gilt $kgV(a; b) = a \cdot b$.

ggT und kgV zweier oder mehrerer natürlicher Zahlen können auch mithilfe der Primfaktorzerlegungen der beteiligten Zahlen bestimmt werden.

- Die **Primfaktorzerlegung des ggT** erhält man, wenn man alle diejenigen Primzahlen auswählt, die in den Primfaktorzerlegungen aller beteiligten Zahlen vorkommen. Man nimmt jeweils die **kleinste** in allen beteiligten Zerlegungen vorkommende **Potenz**.

- Die **Primfaktorzerlegung des kgV** erhält man, wenn man jede Primzahl aufnimmt, die in mindestens einer Primfaktorzerlegung der beteiligten Zahlen vorkommt. Dabei nimmt man jeweils die **höchste auftretende Potenz**.

## 4  Besondere Teilbarkeitsregeln

Für einige natürliche Zahlen gibt es einfache Kennzeichen der Teilbarkeit durch diese Zahlen:

| Teilbarkeit durch | Kennzeichen |
|---|---|
| 2 | Die Zahl endet auf 0, 2, 4, 6 oder 8. |
| 4 | Die beiden letzten Ziffern der Zahl sind 00 oder bilden eine durch 4 teilbare Zahl. |
| 8 | Die drei letzten Ziffern der Zahl sind 000 oder bilden eine durch 8 teilbare Zahl. |
| 5 | Die Zahl endet auf 0 oder 5. |
| 25 | Die Zahl endet auf 00, 25, 50 oder 75. |
| 3 | Die Quersumme der Zahl, d. h. die Summe aller Ziffern der Zahl, ist durch 3 teilbar. |
| 9 | Die Quersumme der Zahl ist durch 9 teilbar. |
| $10^n$ | Die Zahl hat mindestens n Endnullen. |
| $6 = 2 \cdot 3$ | Teilbarkeit durch 2 **und** Teilbarkeit durch 3. |

Durch Kombination der obigen Teilbarkeitsregeln kann man auch die Teilbarkeit durch andere Zahlen überprüfen. Dabei ist darauf zu achten, dass die beteiligten Zahlen teilerfremd sind.

# 5 Das Zehnersystem (Dezimalsystem)

Unser vertrautes **Zehnersystem (Dezimalsystem)** ist ein so genanntes **Stellenwertsystem**. Die zehn **Ziffern** 0, 1, 2, 3, 4, 5, 6, 7, 8, 9 genügen, um jede beliebige **Zahl** darzustellen. Der Wert einer Ziffer hängt von ihrer Stellung innerhalb der Zahl ab: Je weiter links eine Ziffer steht, desto größer ist ihr Wert.

Die **Stufenzahlen des Zehnersystems** sind

$$10^0 = \qquad 1$$
$$10^1 = \qquad 10$$
$$10^2 = \qquad 100$$
$$10^3 = \quad 1\,000$$
$$10^4 = 10\,000$$
$$\vdots$$

Jede natürliche Zahl kann mithilfe dieser Stufenzahlen in der Form

$$\mathbf{a_n \cdot 10^n + a_{n-1} \cdot 10^{n-1} + \ldots + a_1 \cdot 10^1 + a_0 \cdot 10^0}$$

geschrieben werden. Dabei sind $a_0$, $a_1$, ..., $a_n \in \{0, 1, \ldots, 9\}$ und n ist eine natürliche Zahl.

Um auch Bruchteile darstellen zu können, ergänzt man die Stufenzahlen um diejenigen mit negativen Exponenten:

$$10^{-1} = 0{,}1$$
$$10^{-2} = 0{,}01$$
$$10^{-3} = 0{,}001$$
$$10^{-4} = 0{,}0001$$
$$\vdots$$

Aus der ausführlichen Schreibweise

$$a_n \cdot 10^n + a_{n-1} \cdot 10^{n-1} + \ldots + a_1 \cdot 10^1 + a_0 \cdot 10^0$$
$$+ a_{-1} \cdot 10^{-1} + \ldots + a_{-m} \cdot 10^{-m}$$

für eine rationale Zahl wird die vereinfachte Schreibung

$$\mathbf{a_n a_{n-1} \cdots a_1 a_0 , a_{-1} \ldots a_{-m}}$$

Multiplikation und Division mit Stufenzahlen werden so besonders einfach:

- Bei **Multiplikation** mit der Stufenzahl $10^n$ ($n \in \mathbb{N}$) verschiebt sich das Komma um n Stellen nach **rechts**.
- Bei **Division** durch die Stufenzahl $10^n$ ($n \in \mathbb{N}$) verschiebt sich das Komma um n Stellen nach **links**.

## 6 Das Zweiersystem (Dualsystem)

Jede von 1 verschiedene natürliche Zahl kann man als **Ausgangszahl (Basis)** eines **Stellenwertsystems** wählen. Man benötigt so viele **Zahlzeichen (Ziffern)**, wie die Ausgangszahl angibt. Wählt man die Zahl **2** als Ausgangszahl eines Stellenwertsystems, so genügen die **Ziffern 0** und **1**, um jede beliebige Zahl darzustellen. Dieses Stellenwertsystem heißt **Zweiersystem** oder **Dualsystem**. Eine im Zweiersystem dargestellte Zahl wird **Dualzahl** genannt.

Die **Stufenzahlen des Zweiersystems** sind

$$
\begin{aligned}
2^0 &= 1_{10} = 1_2 \\
2^1 &= 2_{10} = 10_2 \\
2^2 &= 4_{10} = 100_2 \\
2^3 &= 8_{10} = 1\,000_2 \\
2^4 &= 16_{10} = 10\,000_2 \\
2^5 &= 32_{10} = 100\,000_2 \\
2^6 &= 64_{10} = 1\,000\,000_2 \\
2^7 &= 128_{10} = 10\,000\,000_2 \\
2^8 &= 256_{10} = 100\,000\,000_2 \\
2^9 &= 512_{10} = 1\,000\,000\,000_2 \\
2^{10} &= 1\,024_{10} = 10\,000\,000\,000_2 \\
\vdots
\end{aligned}
$$

Mithilfe dieser Stufenzahlen lässt sich jede natürliche Zahl in der Form

$$a_n \cdot 2^n + a_{n-1} \cdot 2^{n-1} + \ldots + a_1 \cdot 2^1 + a_0 \cdot 2^0$$

schreiben, wobei die Koeffizienten $a_0, a_1, \ldots, a_n$ die Werte 0 oder 1 annehmen und n eine natürliche Zahl ist. Damit ergibt sich die Dualdarstellung dieser Zahl zu $(a_n a_{n-1} \ldots a_1 a_0)_2$.

Die tief gestellte 2 zeigt an, dass es sich um eine Darstellung hinsichtlich der Basis 2 handelt.

Umgekehrt erfolgt auch die Umrechnung einer Dual- in eine Dezimalzahl mithilfe der Stufenzahlen.

Für die **Addition zweier Dualzahlen** sind folgende Regeln zu beachten:

---

**Rechenregeln für Dualzahlen**

$0_2 + 0_2 = 0_2$

$0_2 + 1_2 = 1_2 + 0_2 = 1_2$

$1_2 + 1_2 = 10_2$

---

# 7 Römische Zahlen

Folgende Ziffern werden in der römischen Zahldarstellung verwendet:

---

**Römische Ziffern**

Die Hauptzeichen sind Stufenzahlen des Zehnersystems:

| römisch | **I** | **X** | **C** | **M** |
|---------|-------|-------|-------|-------|
| dezimal | 1 | 10 | 100 | 1000 |

Die Hälften der drei größeren Hauptzeichen sind die Nebenzeichen:

| römisch | **V** | **L** | **D** |
|---------|-------|-------|-------|
| dezimal | 5 | 50 | 500 |

---

Im Gegensatz zu unserem Zehnersystem ist das römische Zahlensystem kein Stellenwertsystem, sondern ein **Additionssystem**. Es gelten folgende Regeln:

**Regeln für römische Zahlen**

- Steht ein Zahlzeichen rechts von einem Zeichen mit gleichem oder höherem Wert, so werden die Werte der Zeichen addiert.
- Steht ein Zahlzeichen links von einem Zeichen mit höherem Wert, so wird das kleinere vom größeren subtrahiert.
- Von links nach rechts werden Tausender, Hunderter, Zehner und Einer aufgeschrieben.
- Höchstens drei gleiche Hauptzeichen werden hintereinander notiert.
- Nebenzeichen werden nicht wiederholt.
- Nebenzeichen werden nicht vor ein Zeichen mit höherem Wert gesetzt.
- Vor einem Zeichen darf höchstens ein einziges Zeichen mit geringerem Wert stehen.
- Vor ein Haupt- oder Nebenzeichen darf nur das Hauptzeichen mit dem jeweils nächstkleineren Wert gesetzt werden.

# Grundlagen des Rechnens

## 1 Die Grundrechenarten

| Rechenart | Bezeichnungen |
|---|---|

**Addition**

$$a \quad + \quad b \quad = \quad s$$
$$\underbrace{1.\,\text{Summand} \;\text{plus}\; 2.\,\text{Summand}}_{\text{Summe}} = \text{Wert der Summe}$$

**Subtraktion**

$$a \quad - \quad b \quad =$$
$$\underbrace{\text{Minuend} \;\text{minus}\; \text{Subtrahend}}_{\text{Differenz}} = \text{Wert der Differenz}$$

**Multiplikation**

$$a \quad \cdot \quad b \quad = \quad p$$
$$\begin{array}{c} 1.\,\text{Faktor} \quad \text{mal} \quad 2.\,\text{Faktor} \\ \underbrace{\text{Multiplikand} \;\text{mal}\; \text{Multiplikator}}_{\text{Produkt}} \end{array} = \text{Wert des Produkts}$$

**Division**

$$a \quad : \quad b \quad = \quad q$$
$$\underbrace{\text{Dividend} \;\text{geteilt durch}\; \text{Divisor}}_{\text{Quotient}} = \text{Wert des Quotienten}$$

Hinsichtlich Multiplikation und Division nimmt die **Null** eine Sonderstellung ein:

- $a \cdot 0 = 0 \cdot a = 0$
- $0 : a = 0$
- $a : 0$ ist nicht definiert
- Der Wert eines Produkts ist genau dann 0, wenn mindestens einer der Faktoren 0 ist.

## 2 Rechengesetze

Allgemein gelten für die **Addition** und die **Multiplikation** drei Rechen-
gesetze:

Das **Kommutativgesetz**:

$$a + b = b + a$$
$$a \cdot b = b \cdot a$$

Das **Assoziativgesetz**:

$$a + (b + c) = (a + b) + c$$
$$a \cdot (b \cdot c) = (a \cdot b) \cdot c$$

Das **Distributivgesetz**:

$$a \cdot (b + c) = a \cdot b + a \cdot c$$

## 3 Rechnen mit Brüchen

Mit positiven und negativen **Brüchen** (rationalen Zahlen) rechnet man
nach den folgenden Regeln:

Addition und Subtraktion
(*„Hauptnenner suchen und
erweitern"*):

$$\frac{a}{b} \pm \frac{c}{d} = \frac{a \cdot d}{b \cdot d} \pm \frac{c \cdot b}{d \cdot b}$$
$$= \frac{a \cdot d \pm c \cdot b}{b \cdot d}$$

Multiplikation
(*„Zähler mal Zähler und
Nenner mal Nenner"*):

$$\frac{a}{b} \cdot \frac{c}{d} = \frac{a \cdot c}{b \cdot d}$$

Division
(*„Den ersten Bruch mit dem
Kehrwert des zweiten multi-
plizieren"*):

$$\frac{a}{b} : \frac{c}{d} = \frac{a}{b} \cdot \frac{d}{c} = \frac{a \cdot d}{b \cdot c}$$

# 4 Rechnen mit Klammern

„Plusklammer":

$$\ldots + (a+b-c) = \ldots + a + b - c$$

„Minusklammer":

$$\ldots - (a+b-c) = \ldots - a - b + c$$

„Ausmultiplizieren"
mit einem Faktor:

$$x(a+b-c) = xa + xb - xc$$

„Faktorisieren":

$$ay + by - cy = y(a+b-c)$$

„Ausmultiplizieren
mit einer Klammer":

$$(a+b) \cdot (c+d)$$
$$= a \cdot c + a \cdot d + b \cdot c + b \cdot d$$

1. Binomische Formel:

$$(a+b)^2 = a^2 + 2 \cdot a \cdot b + b^2$$

2. Binomische Formel:

$$(a-b)^2 = a^2 - 2 \cdot a \cdot b + b^2$$

3. Binomische Formel:

$$(a+b) \cdot (a-b) = a^2 - b^2$$

# 5 Rundungsregeln und Überschlagsrechnung

Manchmal ist es nicht sinnvoll, für eine Größe ganz genaue Zahlenwerte anzugeben, etwa bei der Einwohnerzahl einer Großstadt, die
sich täglich ändert. In einem solchen Fall gibt man gerundete Zahlenwerte an: Ein (genauer) Wert wird durch einen **Näherungswert**
ersetzt.

**Rundungsregeln**

Beim Runden natürlicher Zahlen werden eine oder mehrere Ziffern am Ende einer Zahl durch Nullen ersetzt. Dabei kommt es auf die Ziffer an der Stelle an, die rechts von derjenigen steht, auf die gerundet werden soll:

- Ist diese Ziffer 0, 1, 2, 3 oder 4, so wird abgerundet. In diesem Fall bleibt die letzte nicht durch 0 ersetzte Ziffer erhalten.
- Ist diese Ziffer 5, 6, 7, 8 oder 9, so wird aufgerundet. In diesem Fall wird die letzte nicht durch 0 ersetzte Ziffer um 1 erhöht.

Für Dezimalzahlen sind die Regeln entsprechend, doch dürfen Dezimalstellen rechts von der Stelle, auf die gerundet wird, nicht durch Nullen ersetzt werden.

Um die Größenordnung des Ergebnisses einer Rechnung abzuschätzen, ist manchmal eine **Überschlagsrechnung** hilfreich. Dabei werden alle beteiligten Zahlen so auf ganze Zahlen gerundet, dass man damit leicht im Kopf rechnen kann. Dies erleichtert es, grobe Rechenfehler zu erkennen.

## 6 Potenzen

Wenn man n gleiche Faktoren multipliziert, so lässt sich diese Rechnung kürzer schreiben:

$$\underbrace{a \cdot a \cdot a \cdot \ldots \cdot a}_{n\text{-mal}} = a^n, \text{ wobei } a \in \mathbb{R} \text{ und } n \in \mathbb{N}.$$

Der neue Ausdruck $a^n$ heißt **Potenz**, **a** ist die **Basis** (oder **Grundzahl**) und **n** wird **Exponent** (oder **Hochzahl**) genannt.

Es wird festgelegt:

$a^1 = a$

$a^0 = 1$ für $a \neq 0$

$0^n = 0$ für $n \neq 0$

Für negative ganzzahlige Exponenten definiert man

$$a^{-n} = \frac{1}{a^n} \quad (a \neq 0)$$

Für das Rechnen mit Potenzen gelten besondere Gesetze:

| | |
|---|---|
| Addition/Subtraktion bei gleicher Basis und gleicher Potenz: | $xa^n \pm ya^n = (x \pm y)a^n$ |

| | |
|---|---|
| Multiplikation/Division bei gleicher Basis: | $a^m \cdot a^n = a^{m+n}$<br>$a^m : a^n = \dfrac{a^m}{a^n} = a^{m-n}$ |

| | |
|---|---|
| Multiplikation/Division bei gleichen Exponenten: | $a^n \cdot b^n = (a \cdot b)^n$<br>$a^n : b^n = \dfrac{a^n}{b^n} = \left(\dfrac{a}{b}\right)^n$ |

| | |
|---|---|
| Potenzieren von Potenzen: | $\left(a^m\right)^n = a^{m \cdot n}$ |

# 7 Wurzeln

$\sqrt[n]{a} = b$ mit $a, b \in \mathbb{R}_0^+$ bedeutet $\underbrace{b \cdot b \cdot b \cdot \ldots \cdot b}_{\text{n-mal}} = b^n = a$.

Die Zahl **a** unter dem Wurzelzeichen heißt **Radikand**, die Zahl **n Wurzelexponent** und $\sqrt[n]{a}$ heißt **n-te Wurzel von a**.

Zusätzlich sind definiert: $a^{\frac{1}{n}} = \sqrt[n]{a}$ und $a^{\frac{m}{n}} = \sqrt[n]{a^m}$

Die **dritte Wurzel (Kubikwurzel)** aus einer positiven reellen Zahl ist etwa dann zu bestimmen, wenn das Volumen $V = a$ eines Würfels gegeben und seine Kantenlänge b zu bestimmen ist. Gesucht ist also ein $b \in \mathbb{R}$ mit $b^3 = a$, und man schreibt dann $b = \sqrt[3]{a} = a^{\frac{1}{3}}$.

Bei den Rechenregeln beschränken wir uns hier auf die so genannten **Quadratwurzeln**. Dabei ist der Wurzelexponent gleich 2. Wir schreiben für $\sqrt[2]{a}$ kurz $\sqrt{a}$. Es gilt für die

Multiplikation:

$$\sqrt{a} \cdot \sqrt{b} = \sqrt{a \cdot b}$$

Division:

$$\sqrt{a} : \sqrt{b} = \frac{\sqrt{a}}{\sqrt{b}} = \sqrt{\frac{a}{b}}$$

## 8 Quadratische Gleichung und quadratische Ergänzung

Die **Normalform** einer quadratischen Gleichung lautet $x^2 + px + q = 0$. Man kann sie mithilfe der **Lösungsformel** lösen:

Den Radikanden $\left(\frac{p}{2}\right)^2 - q$

nennt man **Diskriminante D**.

$$x_{1/2} = -\frac{p}{2} \pm \sqrt{\left(\frac{p}{2}\right)^2 - q}$$

**Lösungsmenge einer quadratischen Gleichung**
Für die Lösungsmenge einer quadratischen Gleichung gilt:
- $D > 0$: genau zwei Lösungen
- $D = 0$: genau eine Lösung, nämlich $-\frac{p}{2}$
- $D < 0$: keine Lösung

**Satz von Vieta**
$x_1$ und $x_2$ sind genau dann Lösungen der quadratischen Gleichung $x^2 + px + q = 0$, wenn $x_1 + x_2 = -p$ und $x_1 \cdot x_2 = q$ gelten.
Dann ist $x^2 + px + q = (x - x_1) \cdot (x - x_2)$.

Eine quadratische Gleichung $x^2 + px + q = 0$ kann auch mithilfe **quadratischer Ergänzung** gelöst werden. Dabei werden die beiden Summanden $x^2 + px$ mithilfe der 1. bzw. 2. binomischen Formel zu einem vollständigen Quadrat ergänzt:

$$x^2 + p \cdot x + q = 0$$
$$\Leftrightarrow \quad x^2 + 2 \cdot \frac{p}{2} x + q = 0$$
$$\Leftrightarrow \quad \left[ x^2 + 2 \cdot \frac{p}{2} x + \left( \frac{p}{2} \right)^2 \right] - \left( \frac{p}{2} \right)^2 + q = 0$$
$$\Leftrightarrow \quad \left( x + \frac{p}{2} \right)^2 = \left( \frac{p}{2} \right)^2 - q$$

# 9 Exponentielles Wachstum und exponentieller Zerfall

**Lineares Wachstum**
- Lineares Wachstum ist dadurch gekennzeichnet, dass zu gleichen Zeitspannen t jeweils eine Zunahme um den gleichen Betrag n gehört. Dabei kann eine Zeitspanne in Sekunden, Minuten, Stunden, Tagen oder sogar Jahren gemessen werden.
- Ein solcher Wachstumsvorgang kann durch **a + n · t** beschrieben werden, wobei a die Ausgangsmenge ist.

Ein Beispiel für einen linearen Wachstumsvorgang ist die Höhe der Wassersäule beim Befüllen eines Gefäßes mit konstantem Querschnitt mit Wasser, bei dem in jeder Zeitpanne (Minute) jeweils die gleiche Menge (n Liter) zufließt.

**Exponentielles Wachstum**
- Exponentielles Wachstum liegt vor, wenn zu gleichen Zeitspannen stets eine Multiplikation mit dem gleichen positiven Faktor, der größer als 1 ist, gehört.
- Exponentielles Wachstum wird durch einen Ausdruck der Form **a · n$^t$** beschrieben, wobei a die Ausgangsmenge ist.

Beispielsweise liegt exponentielles Wachstum bei einer Vermehrung um gleiche **prozentuale Wachstumsraten** vor: Zur Wachstumsrate p % gehört der Wachstumsfaktor $\left(1+\frac{p}{100}\right)$, vgl. Zinseszinsrechnung.

---

**Exponentielle Abnahme (exponentieller Zerfall)**
- Exponentielle Abnahme liegt vor, wenn zu gleichen Zeitspannen stets eine Multiplikation mit dem gleichen positiven Faktor, der kleiner als 1 ist, gehört.
- Dabei entspricht einer Abnahme um p % der Abnahmefaktor $\left(1-\frac{p}{100}\right)$.
- Der Abnahmevorgang lässt sich durch den Ausdruck $a\cdot\left(1-\frac{p}{100}\right)^t$ beschreiben.

---

Der radioaktive Zerfall ist ein Beispiel für exponentiellen Zerfall.

## 10 Logarithmen

Für positive reelle Zahlen a und b wird der **Logarithmus von a zur Basis b** (im Zeichen: $\log_b a$) definiert als diejenige Zahl, mit der man die Basis b potenzieren muss, um a zu erhalten:

Logarithmus von a zur Basis b: $\quad b^x = a \iff x = \log_b a$

Der Logarithmus zur Basis 10 wird **dekadischer Logarithmus** genannt und kurz **log** oder **lg** geschrieben.

Logarithmus von a zur Basis 10: $\quad 10^x = a \iff x = \lg a$

# Funktionen

## 1 Der Funktionsbegriff

Unter einer **Funktion** versteht man eine **eindeutige Zuordnung** zwischen zwei Mengen. Jedem Element x einer Ausgangsmenge wird genau ein Element y einer Zielmenge zugeordnet. Die erste Menge heißt **Definitionsmenge**, die andere nennt man **Wertemenge**.

Eine Möglichkeit, eine Funktion zu veranschaulichen, ist ein **Mengendiagramm (Venndiagramm)**, die andere ist eine Tabelle, auch **Wertetabelle** genannt.
So erhält man z. B. für die Zuordnung, die jeder der Zahlen 0, 1, 2, 3, 4, 5, 6 ihren Rest zuordnet, der sich beim Teilen durch 3 ergibt, folgendes Mengendiagramm und folgende Wertetabelle:

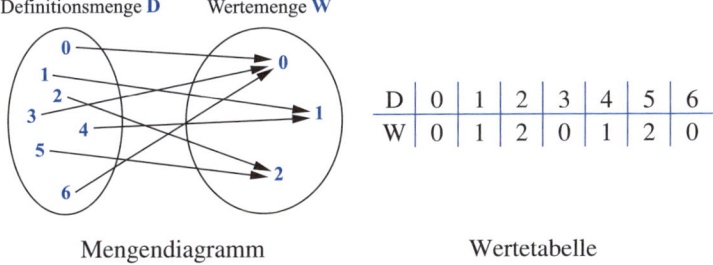

| D | 0 | 1 | 2 | 3 | 4 | 5 | 6 |
|---|---|---|---|---|---|---|---|
| W | 0 | 1 | 2 | 0 | 1 | 2 | 0 |

Mengendiagramm                    Wertetabelle

Man beschreibt eine Funktion allgemein als $x \mapsto y$ mit der Gleichung $y = f(x)$ mit $x \in D$.

Der Ausdruck $y = f(x)$ ist die so genannte **Funktionsgleichung**. Die Funktionsgleichung gibt an, wie man den y-Wert berechnen kann, der zu einem x-Wert gehört. Jede Stelle x, an der die Funktion den Wert 0 annimmt, wird **Nullstelle** der Funktion genant.

Die Veranschaulichung führt man meist durch, indem man die **Zahlenpaare** $x \mapsto y$ oder kurz $(x \mid y)$ als **Punkte** in ein Koordinatensystem einzeichnet. Die Gesamtheit aller Punkte einer Funktion nennt man das **Schaubild** oder den **Graphen** der Funktion; zu beachten ist dabei die Definitionsmenge:

Die Funktion $x \mapsto y$ mit $y = x + 1$ soll auf verschiedenen Definitionsmengen betrachtet werden.

1. $D = \{1\}$

   Dem x-Wert **1** ist der y-Wert **2** zugeordnet. Dieses Wertepaar wird durch Einzeichnen des Punktes $P_1$ veranschaulicht. $P_1$ ist der Graph der Funktion.

2. $D = \mathbb{N}$

   Für jedes weitere Wertepaar kommt ein Punkt hinzu. Der Graph der Funktion besteht aus Punkten.

   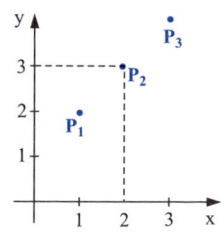

3. $D = \mathbb{R}$

   Hier werden auch alle Zwischenpunkte eingezeichnet. Der Graph der Funktion ist eine Gerade.

   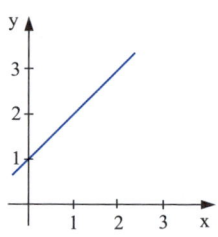

## 2   Lineare Funktionen

Die **lineare Funktion**
$x \mapsto y$ mit $y = mx + b$ mit $x \in D = \mathbb{R}$
hat als Graphen eine **Gerade**.
Die **Steigung** ist **m**. Der Zahlen-
faktor m wird auch als **Koeffizient**
von x bezeichnet.

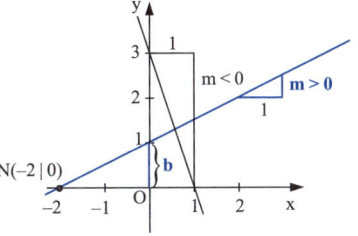

Geht man von einem beliebigen
Punkt der Geraden aus 1 Einheit
nach rechts und (für positives m)
m Einheiten nach oben bzw. (für negatives m) |m| Einheiten nach
unten, so erhält man einen weiteren Punkt der Geraden.
Für **m > 0** steigt die Gerade von links nach rechts.
Für **m < 0** fällt die Gerade von links nach rechts.
Für **m = 0** ergibt sich die konstante Funktion $y = b$. Ihr Graph ist eine
Parallele zur x-Achse.
Der **y-Achsenabschnitt** ist **b**. Er heißt auch **Ordinatenabschnitt** und
besagt, dass die Gerade die y-Achse in $y = b$ schneidet.
Die Gerade hat eine **Nullstelle** $x = -\dfrac{b}{m}$; dort schneidet sie die x-Achse.
Für **b = 0** ergibt sich die **proportionale Funktion y = mx**. Ihr Graph
ist eine Gerade durch den Ursprung.

## 3   Lineare Gleichungssysteme

Zwei Funktionsgleichungen
$$\left| \begin{array}{l} y = m_1 x + b_1 \\ y = m_2 x + b_2 \end{array} \right|$$
stellen ein **lineares**
**Gleichungssystem** dar.
Die Graphen der Funktionen
sind Geraden. Ihr **Schnitt-**
**punkt S** (falls vorhanden)
lässt sich zeichnerisch
bestimmen.

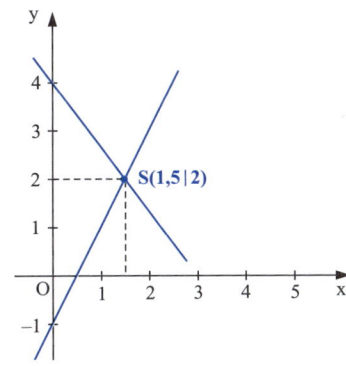

**Lösungsmenge eines linearen Gleichungssystems**
Für die beiden Geraden eines linearen Gleichungssystems trifft genau einer der folgenden Fälle zu:

- Die beiden Geraden schneiden sich in einem Punkt; das Gleichungssystem hat genau **eine** Lösung.
- Die beiden Geraden sind parallel, haben also keinen gemeinsamen Punkt. Somit hat das Gleichungssystem **keine Lösung**.
- Die beiden Geraden fallen zusammen. In diesem Fall hat das Gleichungssystem **unendlich viele Lösungen**; die Lösungsmenge besteht aus allen Punktepaaren, die die Geradengleichung erfüllen.

Häufig sind lineare Gleichungssysteme in der allgemeinen Form

$$\left| \begin{array}{l} ax + by = c \\ dx + ey = f \end{array} \right|$$

gegeben. Es gibt mehrere **rechnerische Verfahren**, solche Gleichungssysteme zu lösen:

Das **Gleichsetzungsverfahren** bietet sich immer dann an, wenn beide Gleichungen bereits nach y (oder x) aufgelöst gegeben sind oder leicht in diese Form gebracht werden können. Beide Gleichungen werden zunächst nach y (oder x oder einem anderen gemeinsamen Term) aufgelöst. Danach setzt man die beiden rechten Seiten der Gleichung einander gleich und erhält eine Gleichung mit einer Variablen, z. B. x. Diese Gleichung wird gelöst und man erhält z. B. den Wert für x. Den berechneten Wert setzt man in eine der beiden ursprünglichen Gleichungen ein und berechnet den Wert für die andere Variable, hier für y. Die Werte für x und y sind die Koordinaten des Schnittpunkts S(x | y) der beiden Geraden.

Falls eine der beiden Gleichungen des Gleichungssystems bereits nach y (oder x) aufgelöst ist, die andere aber nicht, bietet sich das **Einsetzungsverfahren** an. Setzt man den Term für y (oder x) in die andere Gleichung ein, ergibt sich wieder eine Gleichung mit nur einer Variablen, die man löst.

Falls keine der Gleichungen eines linearen Gleichungssystems nach x oder y aufgelöst ist, empfiehlt es sich, das **Additionsverfahren** zu verwenden. Dabei formt man das Gleichungssystem durch Multiplizieren beider Gleichungen mit geeigneten Faktoren so um, dass sich die Koeffizienten einer der beiden Variablen, z. B. von x, in den beiden Gleichungen nur um das Vorzeichen unterscheiden. Addition dieser beiden Gleichungen liefert eine Gleichung mit einer Unbekannten, z. B. y.

## 4 Quadratische Funktionen

Die **quadratische Funktion** $x \mapsto y$ mit $y = x^2$ und $x \in D = \mathbb{R}$ hat als Graphen die **Normalparabel**.
Deren **Scheitel S(0|0)** liegt im Ursprung. Sie verläuft symmetrisch zur y-Achse, geht durch den Punkt P(1|1) und ist nach oben geöffnet.

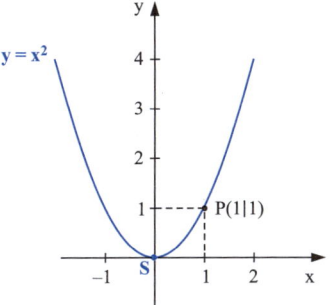

Wird die Normalparabel in y-Richtung um e Einheiten verschoben, so lautet die neue Funktionsgleichung $y = x^2 + e$. Für $e > 0$ wird nach oben und für $e < 0$ nach unten verschoben.

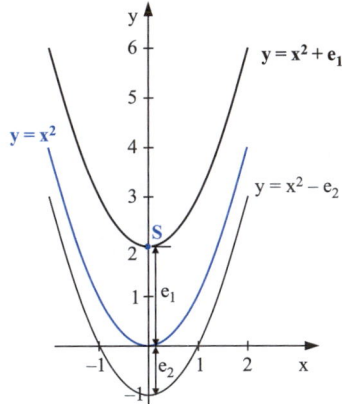

Eine Verschiebung der Normalparabel in x-Richtung um d
ergibt als neue Funktionsgleichung $y = (x - d)^2$.
Für $d > 0$ wird nach rechts
und für $d < 0$ nach links verschoben.

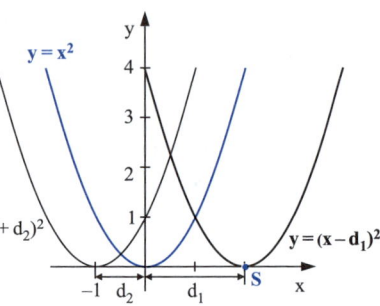

Wird die Normalparabel waage-
recht um d und senkrecht um e
verschoben, so lautet die neue
Funktionsgleichung
$y = (x - d)^2 + e$. Man spricht
von der „**Scheitelpunktform**",
weil man den Scheitelpunkt
$S(d \mid e)$ direkt ablesen kann. Die
neue Kurve heißt „**verschobene
Normalparabel**". Hat die
Funktionsgleichung die
allgemeine Form $y = x^2 + px + q$,
so kann man sie mithilfe der
quadratischen Ergänzung auf
die Scheitelpunktform bringen.

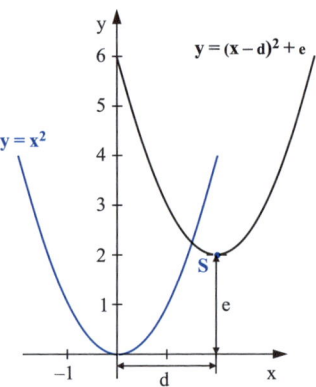

**Scheitelpunkt einer Parabel**
Der Graph einer quadratischen Funktion mit der Gleichung
$y = x^2 + px + q$ hat den **Scheitelpunkt** $S\left( -\dfrac{p}{2} \mid -\left(\dfrac{p}{2}\right)^2 + q \right)$.

Die quadratische Funktion $x \mapsto y$ mit $\mathbf{y = ax^2}$ hat im Allgemeinen eine **gestreckte Parabel** als Graphen.

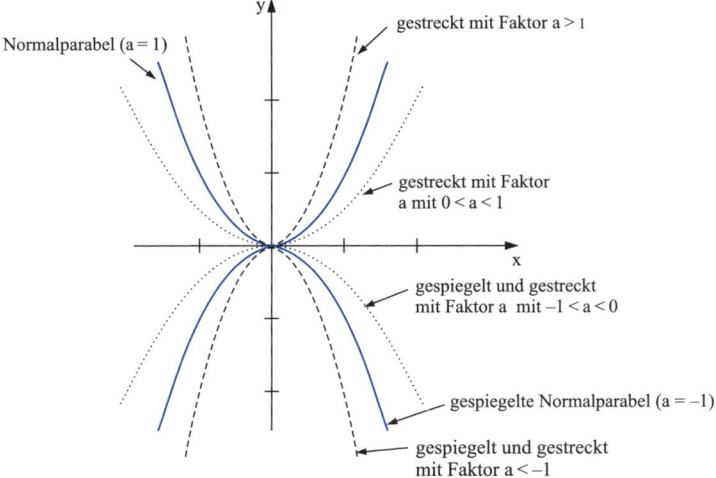

Normalparabel (a = 1)

gestreckt mit Faktor a > 1

gestreckt mit Faktor a mit 0 < a < 1

gespiegelt und gestreckt mit Faktor a mit −1 < a < 0

gespiegelte Normalparabel (a = −1)

gespiegelt und gestreckt mit Faktor a < −1

---

**Die quadratische Funktion $\mathbf{y = ax^2 + bx + c}$**

Allgemein hat eine quadratische Funktion eine Gleichung der Form $\mathbf{y = ax^2 + bx + c}$. Ihr Graph geht aus der Normalparabel durch Verschieben, Strecken und gegebenenfalls Spiegeln hervor. Durch Ausklammern von a und quadratische Ergänzung lässt sich die Funktionsgleichung $y = ax^2 + bx + c$ auf die Scheitelpunktform $\mathbf{y = a(x - d)^2 + e}$ bringen; der Scheitelpunkt ist dann $\mathbf{S(d \,|\, e)}$.

## 5 Potenzfunktionen

Die Funktionen mit Gleichungen der Form **y = x$^n$** heißen **Potenzfunktionen**.

Die Graphen der Potenzfunktionen mit den Gleichungen y = x$^2$, y = x$^3$, y = x$^4$ und allgemein y = x$^n$ für eine natürliche Zahl n > 1 haben folgende Eigenschaften:

- Die Graphen aller dieser Funktionen verlaufen durch die Punkte O(0|0) und P(1|1).
- Alle Graphen haben die Nullstelle x$_0$ = 0. Der Punkt O(0|0) ist der einzige Schnittpunkt mit der x-Achse.
- Die Graphen der Funktionen mit **y = x$^2$** und **y = x$^4$** (allgemein: y = x$^n$ für **gerades n**) heißen **Parabeln**. Sie fallen bis zum Ursprung und steigen danach.

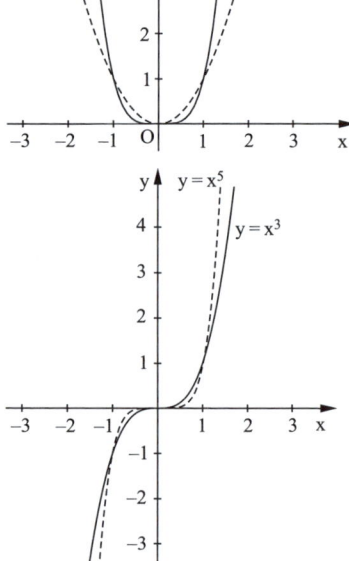

- Der Graph der Funktion mit **y = x$^3$** (allgemein: y = x$^n$ für **ungerades n**) heißt **Wendeparabel**. Er steigt überall an.

Die Graphen der Potenzfunktionen mit $y = x^{-1} = \dfrac{1}{x}$ und $y = x^{-2} = \dfrac{1}{x^2}$
heißen **Hyperbeln**. Sie haben folgende Eigenschaften:

- Der Definitionsbereich dieser Funktionen umfasst alle reellen Zahlen außer 0.
- Die Graphen verlaufen durch den Punkt P(1│1).
- Die Hyperbeln bestehen aus zwei Teilen, den Hyperbelästen.
- Für sehr große und sehr kleine x-Werte schmiegen sich die Graphen der x-Achse an.
- Für x-Werte, die sehr nahe bei 0 liegen, schmiegen sich die Graphen der y-Achse an.
- Der Graph der Funktion $y = x^{-1}$ ist punktsymmetrisch zum Ursprung O(0│0).

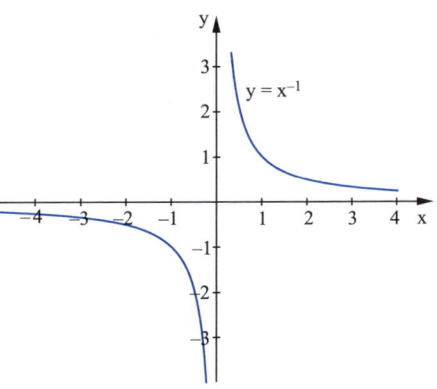

- Der Graph der Funktion $y = x^{-2}$ ist achsensymmetrisch zur y-Achse.

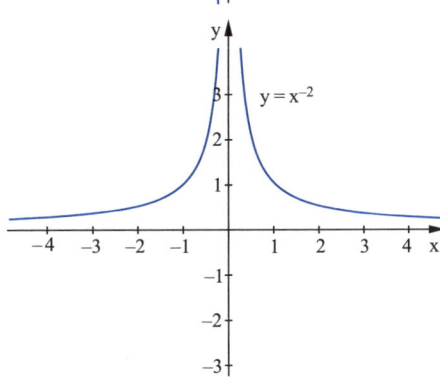

Die Graphen der Funktionen mit $y = x^{\frac{1}{2}} = \sqrt{x}$ und $y = x^{\frac{1}{3}} = \sqrt[3]{x}$ hei-ßen **Wurzelparabeln**. Diese Funktionen sind für alle nichtnegativen reellen Zahlen definiert. Sie haben folgende Eigenschaften:

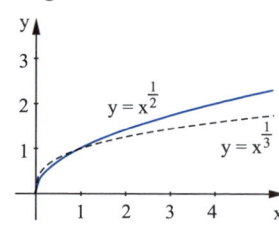

- Beide Funktionen haben die Nullstelle $x_0 = 0$.
- Die Graphen haben die Punkte $O(0\,|\,0)$ und $P(1\,|\,1)$ gemeinsam.
- Die Wurzelparabeln steigen überall.

## 6  Exponentialfunktionen

Eine Funktion mit der Gleichung $y = b^x$ mit $b > 0$ und $b \neq 1$ heißt **Exponentialfunktion**.
Die Exponentialfunktionen haben folgende Eigenschaften:

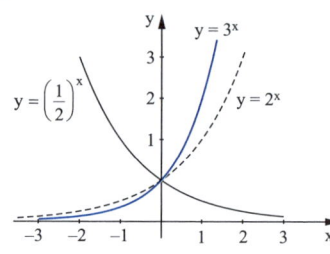

- Der Graph $\begin{cases} \text{steigt für } b > 1; \\ \text{fällt für } 0 < b < 1. \end{cases}$

- Der Graph liegt oberhalb der x-Achse.
- Der Graph schmiegt sich
  $\begin{cases} \text{für } b > 1 \text{ an den negativen Teil} \\ \text{für } 0 < b < 1 \text{ an den positiven Teil} \end{cases}$ der x-Achse an.

- Die Graphen aller Exponentialfunktionen haben den Punkt $E(0\,|\,1)$ und nur diesen gemeinsam.
- Die Graphen der Exponentialfunktionen mit den Gleichungen $y = b^x$ und $y = \left(\frac{1}{b}\right)^x$ liegen bezüglich der y-Achse symmetrisch zueinander.

# 7 Proportionale und antiproportionale Zuordnungen sowie Dreisatzverfahren

Eine **proportionale Zuordnung (proportionale Funktion)** hat eine Funktionsgleichung der Form $x \mapsto y = m \cdot x$. Der Graph einer proportionalen Zuordnung ist eine **Gerade durch den Ursprung** mit der **Steigung m**. Für alle zugehörigen Wertepaare $(x\,|\,y) \neq (0\,|\,0)$ liegt **Quotientengleichheit** vor: $\frac{y}{x} = m$.

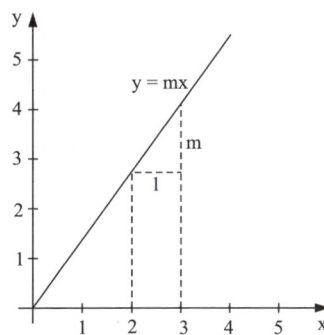

Der Faktor **m** heißt **Proportionalitätsfaktor**.

Zur Berechnung von Wertepaaren einer proportionalen Zuordnung gibt es ein Rechenverfahren, den so genannten **Dreisatz**: Von einem Vielfachen wird auf die Einheit und von dieser wieder auf ein Vielfaches geschlossen.

---

**Dreisatz für proportionale Zuordnungen**

Dem r-fachen der Größe $a \cdot X$ entspricht das r-fache der Größe $c \cdot Y$.

$$
\begin{array}{l}
\text{Vielfaches} \\
\\
\text{Einheit} \\
\\
\text{Vielfaches}
\end{array}
\quad
{:a}\left(\begin{array}{ccc}
a \cdot X & \to & c \cdot Y \\
& & \\
1 \cdot X & \to & \dfrac{c \cdot Y}{a}
\end{array}\right){:a}
$$

$$
{\cdot b}\left(\begin{array}{ccc}
b \cdot X & \to & \dfrac{c \cdot Y \cdot b}{a}
\end{array}\right){\cdot b}
$$

---

Eine Zuordnung $x \mapsto y$ mit der **Gleichung** $y = \frac{k}{x}$, $x \neq 0$, heißt **antiproportionale Zuordnung (antiproportionale Funktion)**. Der Graph einer antiproportionalen Zuordnung ist eine **Hyperbel**. Bei antiproportionalen Zuordnungen liegt **Produktgleichheit** vor: Für ein Wertepaar $(x \mid y)$ gilt $x \cdot y = k$, $k \neq 0$.

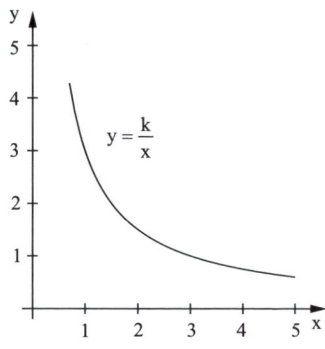

---

**Dreisatz für antiproportionale Zuordnungen**
Dem r-fachen der Größe $a \cdot X$ entspricht der r-te Teil der Größe $c \cdot Y$.

Vielfaches
Einheit
Vielfaches

$$: a \left( \begin{array}{lcl} a \cdot X & \rightarrow & c \cdot Y \\ 1 \cdot X & \rightarrow & a \cdot c \cdot Y \\ b \cdot X & \rightarrow & \dfrac{a \cdot c \cdot Y}{b} \end{array} \right) \begin{array}{l} \cdot a \\ \\ : b \end{array}$$

# Prozent- und Zinsrechnen

## 1 Prozentrechnung

In der **Prozentrechnung** bezeichnet man den **Grundwert** mit **G**, den **Prozentwert** mit $P_W$ und den **Prozentsatz** mit **p %**.
Die Brüche $\frac{p}{100}$ nennt man **Prozente**. Es gilt auch: $p \% = \frac{p}{100}$

Berechnen des Prozentwerts $P_W$:

$$P_W = G \cdot \frac{p}{100}$$

Berechnen des Grundwertes G:

$$G = P_W \cdot \frac{100}{p}$$

Berechnen des Prozentsatzes p %:

$$p \% = \frac{P_W}{G} \cdot 100 \%$$

## 2 Vermehrter und verminderter Grundwert

Bei manchen Aufgabenstellungen verändert sich der Grundwert, z. B. der Preis einer Ware. Dabei kann es sich um eine **Vermehrung des Grundwertes** auf über 100 % (z. B. Aufschlagen der Mehrwertsteuer, Preiserhöhung) oder um eine **Verminderung des Grundwertes** auf unter 100 % (z. B. Rabatt oder Skonto) handeln.

Wird der Grundwert G um p % erhöht, so erhält man den **vermehrten Grundwert**. Man berechnet ihn, indem man
- zum Grundwert G den zu p % gehörenden Prozentwert $P_W$ addiert
  oder
- (100 + p)% vom Grundwert G berechnet
  oder
- den Grundwert G mit dem Faktor 1 + p multipliziert.

Wird der Grundwert G um p % vermindert, so erhält man den **verminderten Grundwert**. Er wird berechnet, indem man

- von G den zu p % gehörenden Prozentwert $P_W$ subtrahiert
  oder
- (100 − p)% vom Grundwert G berechnet
  oder
- den Grundwert G mit dem Faktor 1 − p multipliziert.

## 3  Zinsrechnung

Bei der **Zinsrechnung** wird ein **Kapital K** zunächst für ein Jahr (z. B. auf einer Bank) verzinst. Die Variable **p** ist der **Zinssatz**. Als **Zins Z** bezeichnet man das Geld, das man nach einem Jahr hinzugewinnt.

Der Zins nach einem Jahr:
$$Z = K \cdot \frac{p}{100}$$

Berechnen des Kapitals:
$$K = Z \cdot \frac{100}{p}$$

Berechnen des Zinssatzes:
$$p \% = \frac{Z}{K} \cdot 100 \%$$

Wenn das Kapital K über einen anderen Zeitraum verzinst wird, gilt die so genannte „**K i p-Formel**". Der **Zeitfaktor i** ist dabei Bruchteil eines Jahres.

Im Bankgeschäft gelten außerdem häufig die Festlegungen:
1 Jahr = 12 Monate = 360 Tage und 1 Monat = 30 Tage.

Der Zins nach dem Bruchteil i
eines Jahres:
$$Z = K \cdot \frac{p}{100} \cdot i$$

nach m Monaten:
$$Z = K \cdot \frac{p}{100} \cdot \frac{m}{12}$$

nach t Tagen:
$$Z = K \cdot \frac{p}{100} \cdot \frac{t}{360}$$

Berechnen des Zeitfaktors:
$$i = \frac{Z}{K} \cdot \frac{100}{p}$$

Der **Zinseszins** entsteht dann, wenn die Zinsen nach einem Jahr nicht abgehoben, sondern im nächsten Jahr zusammen mit dem **Anfangskapital $K_0$** verzinst werden. Der **Wachstumsfaktor q** ist dabei stets größer als 1.

Das Endkapital $K_n$ nach n Jahren bei gleich bleibendem Zinssatz p:

$$K_n = K_0 \cdot q^n \quad \text{mit}$$
$$q = 1 + \frac{p}{100}$$

Von **degressiver Abschreibung** spricht man, wenn der Wachstumsfaktor q kleiner als 1 ist. Dabei ist in der obigen Formel für $K_n$ jedoch $q = 1 - \frac{p}{100}$.

# 4 Darstellung von Prozentsätzen durch Diagramme

Prozentsätze p lassen sich als **Diagramme** darstellen.

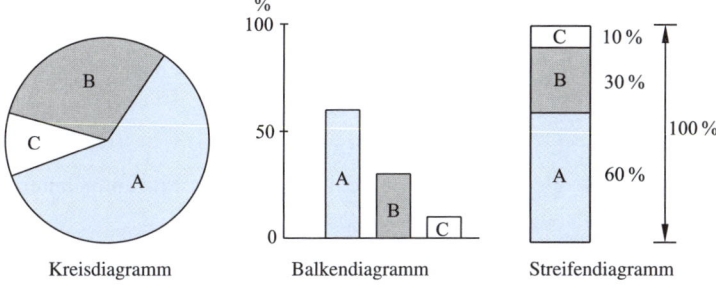

| Kreisdiagramm | Balkendiagramm | Streifendiagramm |

Beim **Kreisdiagramm** entspricht 1 % einem Winkel von 3,6°.

# 5  Berechnung einfacher Prozentsätze

| Prozentsatz | Bruch | Bezeichnung |
|---|---|---|
| 50 % | $\dfrac{1}{2}$ | die Hälfte |
| 25 % | $\dfrac{1}{4}$ | ein Viertel |
| 10 % | $\dfrac{1}{10}$ | ein Zehntel |
| 20 % | $\dfrac{1}{5}$ | ein Fünftel |
| $33\dfrac{1}{3}$ % | $\dfrac{1}{3}$ | ein Drittel |
| 75 % | $\dfrac{3}{4}$ | Dreiviertel |

# 6  Promille

Brüche der Form $\dfrac{p}{1000}$ heißen **Promille**. Man schreibt auch:

$$p \text{ ‰} = \frac{p}{1000}.$$

Es gelten die gleichen Rechenregeln wie bei der Prozentrechnung, jedoch mit $\dfrac{1}{1000}$ und ‰ statt $\dfrac{1}{100}$ und %.

# Ebene Geometrie

## 1  Grundbegriffe

**Punkte** werden mit Großbuchstaben (A, B, …), **Geraden** mit Klein-buchstaben (g, h, …) bezeichnet.

**g = AB** bezeichnet eine **Gerade** durch die Punkte A und B.

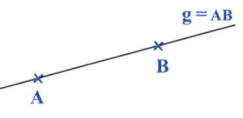

$\overline{AB}$ bezeichnet die **Strecke** mit den Endpunkten A und B;
ihre Länge wird als $|\,\overline{AB}\,|$ geschrieben.

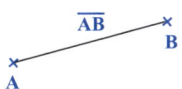

$\overrightarrow{AB}$ bezeichnet die **Halbgerade** mit dem Anfangspunkt A durch den Punkt B.

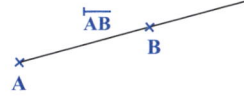

**Zwei Geraden g, h** in der Ebene können einander in einem **Punkt S schneiden** oder **parallel** zueinander (**g ∥ h**) sein oder auch aufeinander liegen.

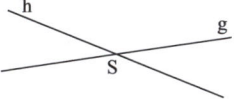

Der **Abstand zwischen den parallelen Geraden g und h** bemisst sich als die Länge der Strecke $\overline{PQ}$ auf der Lot-geraden $\ell \perp g$, $\ell \perp h$, wobei P und Q die Schnittpunkte von $\ell$ mit g bzw. h sind. Die Geraden g und $\ell$ mit $\ell \perp g$ heißen **orthogonal** zueinander.

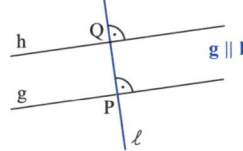

Der **Abstand zwischen einem Punkt P und einer Geraden g** wird mithilfe einer Geraden $\ell \perp g$ durch P bestimmt.

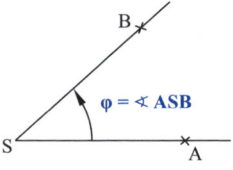

Bei einem **Winkel $\sphericalangle$ ASB** heißt der Punkt **S Scheitel** des Winkels, die beiden Halbgeraden $\overline{SA}$ und $\overline{SB}$ werden **Schenkel** des Winkels genannt. Winkel werden meist mit kleinen griechischen Buchstaben bezeichnet, etwa $\varphi = \sphericalangle$ ASB. Die positive **Drehrichtung** des Winkels ist gegen den Uhrzeigersinn gerichtet.

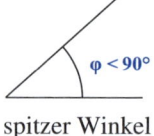

spitzer Winkel

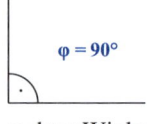

rechter Winkel

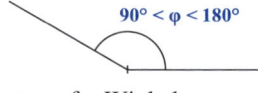

stumpfer Winkel

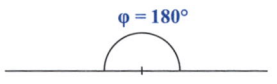

gestreckter Winkel

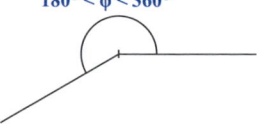

überstumpfer Winkel

Vollwinkel

# 2  Koordinatensystem

Zwei aufeinander senkrecht stehende Zahlengeraden bilden ein **recht-winkliges (kartesisches) Koordinatensystem**. Der Schnittpunkt der beiden Zahlengeraden ist der **Ursprung O**.

Die waagerechte Achse wird als **x-Achse** oder **Abszissenachse**, die senkrechte Achse als **y-Achse** oder **Ordinatenachse** bezeichnet. Jeder Punkt der Ebene kann durch seine **Koordinaten** eindeutig bestimmt werden: P(x|y). Der x-Wert wird auch als **Abszisse** und der y-Wert als **Ordinate** bezeichnet.

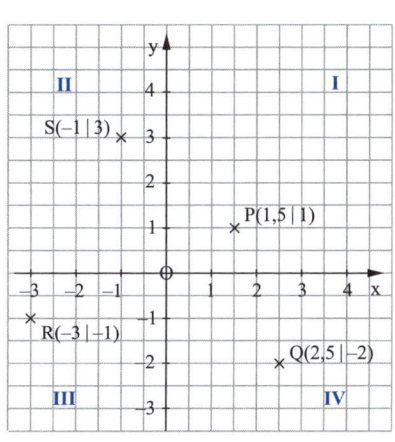

Das Koordinatensystem hat vier **Quadranten** I bis IV.

# 3  Winkel an Geradenkreuzungen

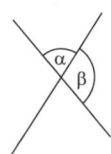

Nebenwinkel
$\alpha + \beta = 180°$

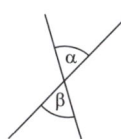

Scheitelwinkel
$\alpha = \beta$

Für Winkel an zwei Paaren paralleler Geraden g ∥ h und k ∥ ℓ gilt:

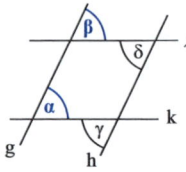     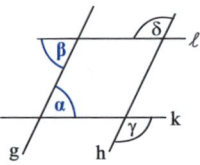

Stufenwinkel                Wechselwinkel
$\alpha = \beta$; $\gamma = \delta$       $\alpha = \beta$; $\gamma = \delta$

## 4   Winkel in Dreiecken, Vierecken und Vielecken

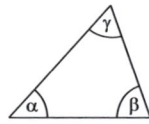     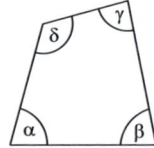

Winkelsumme (Dreieck)        Winkelsumme (Viereck)
$\alpha + \beta + \gamma = 180°$       $\alpha + \beta + \gamma + \delta = 360°$

Winkelsumme im Dreieck:    180°
Winkelsumme im Viereck:    360°
Winkelsumme im n-Eck:      $(n - 2) \cdot 180°$

# 5  Grundkonstruktionen

**Konstruktion der Symmetrieachse zu zwei Punkten P und Q**
**Konstruktion der Mittelsenkrechten der Strecke $\overline{PQ}$**

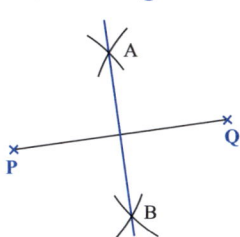

(1) Zeichne um die Punkte P und Q
zwei Kreise mit gleichen Radien
so, dass sich die beiden Kreise
in zwei Punkten A und B
schneiden.

(2) Verbinde die Punkte A und B.
Die Gerade AB ist die Symmetrieachse zu P und Q und damit
auch die Mittelsenkrechte der
Strecke $\overline{PQ}$.

**Konstruktion des Lots (der Senkrechten) zu einer Geraden g im Punkt P ∈ g**

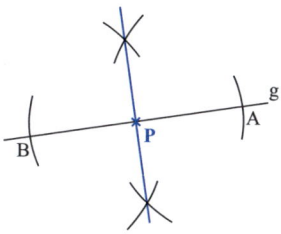

(1) Zeichne einen Kreis mit
beliebigem Radius um P.
Dieser Kreis schneidet g
in zwei Punkten A und B.

(2) Nun konstruiere die Symmetrieachse zu A und B.

**Konstruktion des Lots zu einer Geraden g im Punkt P ∉ g**

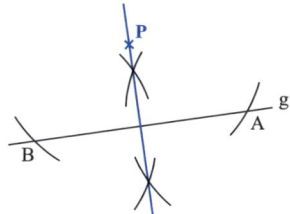

(1) Zeichne um P einen Kreis, der
die Gerade g in zwei Punkten A
und B schneidet.

(2) Konstruiere die Symmetrieachse
zu A und B.

### Konstruktion der Winkelhalbierenden eines Winkels mit dem Scheitel S

(1) Zeichne einen beliebigen Kreis um den Scheitel S. Dieser Kreis schneidet die beiden Schenkel des Winkels in den Punkten A und B.

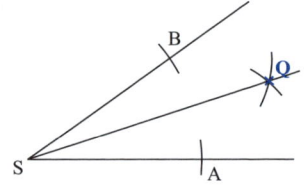

(2) Zeichne um A und B zwei Kreise mit gleichen Radien so, dass sich die beiden Kreise in einem Punkt Q schneiden.

(3) Verbinde Q mit S. Die Halbgerade $\overline{SQ}$ ist die Winkelhalbierende des Winkels.

## 6  Achsen- und Punktspiegelung

Bei Achsen- und Punktspiegelung sind Figur und Bildfigur deckungsgleich (kongruent) zueinander.

---

**Definition der Achsenspiegelung**

- Eine Achsenspiegelung wird durch eine **Spiegelachse a** festgelegt.
- Die **Verbindungsgerade** eines Punktes P ∉ a mit seinem Bildpunkt P' steht senkrecht auf a, d. h. **PP'⊥a**.
- Ein Punkt P ∉ a und sein Bildpunkt P' sind von a gleich weit entfernt.
- Jeder Punkt Q auf der Spiegelachse a fällt mit seinem Bildpunkt zusammen.

---

Daraus ergibt sich die folgende Konstruktionsvorschrift:

**Konstruktion des Bildpunkts bei der Achsenspiegelung**
(1) Errichte die Senkrechte zur Spiegel-
achse a durch P ∉ a.
(2) Zeichne den Bildpunkt P' auf der
Senkrechten zu a so ein, dass P'
und P auf verschiedenen Seiten
von a liegen, aber denselben Abstand von a haben.

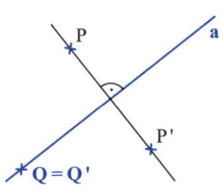

**Eigenschaften der Achsenspiegelung**
• Strecke und Bildstrecke
sind gleich lang.
• Winkel und Bildwinkel
sind gleich groß, aber
gegensinnig gerichtet.
• Eine Figur (z. B. Dreieck,
Viereck) und ihre Bildfigur
haben verschiedenen Um-
laufsinn.

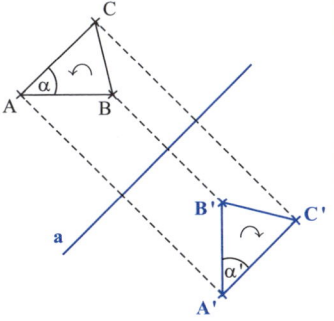

Wenn eine Figur bei Spiegelung an a auf sich selbst abgebildet wird,
so heißt sie **achsensymmetrisch** und die Spiegelachse **a** wird **Symmetrieachse** genannt.

Eine **Punktspiegelung** an einem festen Punkt Z wird als **Halb-
drehung**, d. h. Drehung um 180°, bezeichnet.

---

**Definition der Punktspiegelung**
- Eine Punktspiegelung wird durch einen festen Punkt **Z**, das
  **Spiegelzentrum**, festgelegt.
- Ein Punkt P ≠ Z und sein Bildpunkt P' liegen auf einer Geraden
  durch Z. P und P' liegen auf verschiedenen Seiten von Z und
  haben von Z denselben Abstand, d. h. |**PZ**| = |**P'Z**|.
- Der Punkt Z wird auf sich selbst abgebildet.

---

**Konstruktion des Bildpunktes bei der Punktspiegelung**
(1) Zeichne die Gerade PZ
(2) Trage den Punkt P' auf ZP so ab,
    dass P' und P auf verschiedenen
    Seiten von Z liegen und die Strecken
    $\overline{ZP}$ und $\overline{ZP'}$ gleich lang sind.

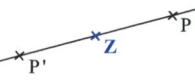

---

Eine Punktspiegelung hat offenbar die folgenden Eigenschaften:

---

**Eigenschaften der Punktspiegelung**
- Strecke und Bildstrecke
  sind gleich lang.
- Winkel und Bildwinkel
  sind gleich groß.
- Figur und Bildfigur haben
  denselben Umlaufsinn.
- Gerade und Bildgerade
  sind parallel zueinander.

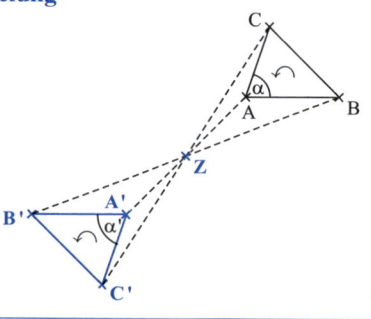

---

Eine Figur heißt **punktsymmetrisch** zum Punkt **Z**, wenn sie bei der
Punktspiegelung an Z auf sich selbst abgebildet wird. Das Spiegelzentrum wird dann auch **Symmetriezentrum** genannt.

# 7 Dreiecke

Bei einem **Dreieck ABC** wird die Grundseite meist mit c bezeichnet, die zugehörige Höhe mit $h_c$. Dem Eckpunkt A liegt die Seite a gegenüber, den Eckpunkten B bzw. C die Seiten b bzw. c. Die Winkel mit den Scheiteln A, B, C heißen nacheinander $\alpha$, $\beta$, $\gamma$.

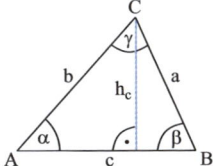

Der Flächeninhalt eines beliebigen Dreiecks:

$$A = \frac{\text{Grundseite} \cdot \text{Höhe}}{2}$$

$$A = \frac{c \cdot h_c}{2} = \frac{b \cdot h_b}{2} = \frac{a \cdot h_a}{2}$$

Der Umfang eines beliebigen Dreiecks:

$$u = a + b + c$$

Ein Dreieck heißt **spitzwinklig**, wenn jeder Winkel kleiner als 90° ist.

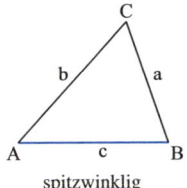

spitzwinklig

Beim **rechtwinkligen** Dreieck ist ein Winkel gleich 90°. Die beiden Seiten a und b, die den rechten Winkel einschließen, heißen **Katheten**. Die **Hypotenuse** c liegt dem rechten Winkel gegenüber.

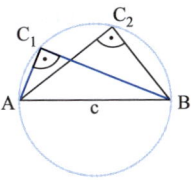

rechtwinklig

**Satz des Thales**
Errichtet man über der Hypotenuse $c = \overline{AB}$ eines rechtwinkligen Dreiecks einen Kreis, so bildet jeder Punkt C auf der Kreislinie zusammen mit A und B ein rechtwinkliges Dreieck. Dieser Kreis mit dem Durchmesser |AB| wird **Thaleskreis** genannt.

Flächeninhalt eines **rechtwinkligen Dreiecks**:

$$A = \frac{a \cdot b}{2}$$

Im **stumpfwinkligen** Dreieck
ist ein Winkel größer als 90°.

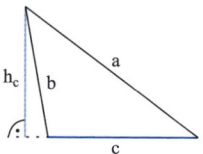

stumpfwinklig

Im **gleichschenkligen** Dreieck
sind zwei Seiten gleich lang.

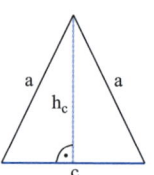

gleichschenklig

Im **gleichseitigen** Dreieck
sind alle Seiten gleich lang
und alle Winkel gleich groß.

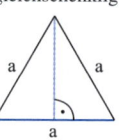

gleichseitig

Bei einem **gleichseitigen Dreieck** mit der Seitenlänge a gilt

für die Höhe:

$$h = \frac{a}{2}\sqrt{3}$$

für den Flächeninhalt:

$$A = \frac{a^2}{4}\sqrt{3}$$

# 8 Besondere Linien im Dreieck

## Mittelsenkrechte

Die Mittelsenkrechten der Seiten eines Dreiecks schneiden sich in einem Punkt, dem **Mittelpunkt des Umkreises** des Dreiecks.

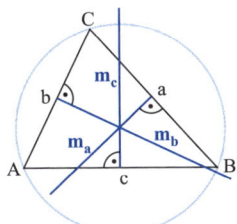

## Winkelhalbierende

Die Winkelhalbierenden der Winkel eines Dreiecks schneiden sich in einem Punkt, dem **Mittelpunkt des Inkreises** des Dreiecks.

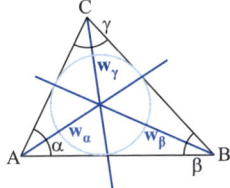

## Seitenhalbierende

Die Seitenhalbierenden eines Dreiecks schneiden sich in einem Punkt, dem **Schwerpunkt S** des Dreiecks. Der Schwerpunkt S teilt die Längen der Seitenhalbierenden jeweils im Verhältnis 2 : 1.

Es gelten:

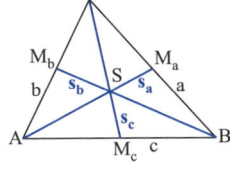

$$|AS| : |SM_a| = 2 : 1$$
$$|BS| : |SM_b| = 2 : 1$$
$$|CS| : |SM_c| = 2 : 1$$

## Höhen

Die Höhen eines Dreiecks schneiden sich in einem Punkt.

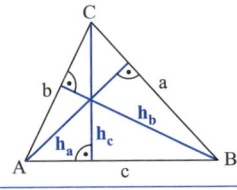

Zwischen den Längen der Höhen und den Längen der Seiten besteht folgender Zusammenhang:

$$h_a : h_b : h_c = \frac{1}{a} : \frac{1}{b} : \frac{1}{c}$$

# 9  Kongruenzsätze

**Kongruenzsätze für Dreiecke**
Zwei Dreiecke sind kongruent (deckungsgleich),
- wenn sie in drei Seiten übereinstimmen (**Kongruenzsatz sss**),
- wenn sie in einer Seite und den beiden anliegenden Winkeln übereinstimmen (**Kongruenzsatz wsw**),
- wenn sie in zwei Seiten und dem von den Seiten eingeschlossenen Winkel übereinstimmen (**Kongruenzsatz sws**).

# 10  Vierecke

Das **allgemeine Viereck** hat verschieden lange Seiten a, b, c, d und verschieden große Winkel.

Viereck (allgemein)

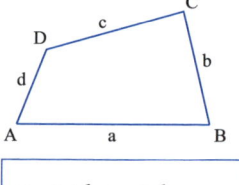

Der Umfang eines allgemeinen Vierecks:

$$u = a + b + c + d$$

Das **Rechteck** besitzt zwei Paare von gleich langen Gegenseiten. Es hat nur rechte Winkel.

Rechteck

Der Flächeninhalt eines Rechtecks:

$$A = \text{Länge} \cdot \text{Breite}$$
$$A = a \cdot b$$

Der Umfang eines Rechtecks:

$$u = 2 \cdot a + 2 \cdot b$$

Beim **Quadrat** sind alle Seiten
gleich lang und alle Winkel 90°.

Quadrat

Der Flächeninhalt eines
Quadrats:

$$A = a^2$$

Der Umfang eines Quadrats:

$$u = 4 \cdot a$$

Beim **Parallelogramm** sind
gegenüberliegende Seiten
gleich lang und gegenüberliegende Winkel gleich groß.

Parallelo-
gramm

Der Flächeninhalt eines
Parallelogramms:

$$A = \text{Grundseite} \cdot \text{Höhe}$$
$$A = a \cdot h_a = b \cdot h_b$$

Der Umfang eines Parallelogramms:

$$u = 2 \cdot a + 2 \cdot b$$

Die **Raute** (der **Rhombus**)
hat vier gleich lange Seiten.
Je zwei gegenüberliegende
Winkel sind gleich groß. Die
beiden Diagonalen e und f
schneiden einander rechtwinklig.

Raute

Der Flächeninhalt einer Raute:

$$A = a \cdot h_a \text{ oder } A = \frac{e \cdot f}{2}$$

Der Umfang einer Raute:

$$u = 4 \cdot a$$

Beim **Drachen** sind zwei
Paare von Nachbarseiten
gleich lang. Die Diago-
nalen schneiden einander
im rechten Winkel.

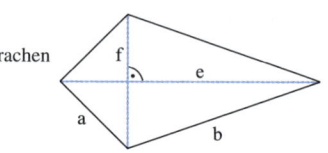

Der Flächeninhalt eines
Drachens:

$$A = \frac{e \cdot f}{2}$$

Der Umfang eines Drachens:

$$u = 2 \cdot a + 2 \cdot b$$

Das **Trapez** hat ein Paar
paralleler Seiten: a ∥ c

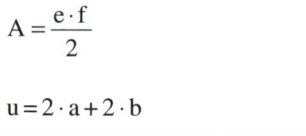

Der Flächeninhalt eines
Trapezes:

$$A = \frac{a + c}{2} \cdot h \text{ oder } A = m \cdot h$$

Dabei gilt für die **Mittellinie** m:

$$m = \frac{a + c}{2}$$

Der Umfang eines Trapezes:

$$u = a + b + c + d$$

# 11 Kreis, Kreisbogen, Kreisausschnitt

Die **Kreislinie** entsteht, indem
ein Punkt in einem festen Abstand **r**, dem **Radius**, um
einen festen Punkt, den          Kreis
**Mittelpunkt M**, wandert.
Die **Kreisfläche** füllt diesen
Kreis aus. Für den **Durchmesser d**
des Kreises gilt **d = 2 · r.**

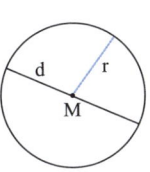

Der Kreisumfang:

Die Kreisfläche:

$$u = 2 \cdot \pi \cdot r = \pi \cdot d$$

$$A = \pi \cdot r^2 = \pi \cdot \frac{d^2}{4}$$

Der **Kreisbogen b** ist nur ein
Teil dieser Kreislinie und
wird durch den Radius r und     Kreisbogen
den Winkel α bestimmt.

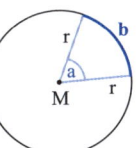

Der Kreisbogen:

$$b = 2 \cdot \pi \cdot r \cdot \frac{\alpha}{360°}$$

Der **Kreisausschnitt** besteht
aus der von b und den Schen-
keln des Winkels α einge-        Kreisausschnitt
schlossenen Fläche.

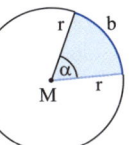

Der Kreisausschnitt:

$$A = \pi \cdot r^2 \cdot \frac{\alpha}{360°}$$

oder

$$A = \frac{b \cdot r}{2}$$

Der **Kreisring** wird von zwei
Kreislinien um denselben
Mittelpunkt begrenzt.

Kreisring

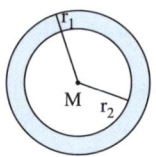

Flächeninhalt des Kreisrings:

$$A = \pi \cdot (r_1^2 - r_2^2)$$

## 12 Beziehungen am Kreis

Ein Kreis ist durch Mittelpunkt M und Radius r eindeutig festgelegt.
Werden zwei Punkte A und B auf der
Kreislinie durch eine gerade Linie
verbunden, so nennt man die
Strecke $\overline{AB}$ eine **Sehne** des
Kreises. Eine Sehne $\overline{PQ}$ des
Kreises, die den Mittelpunkt M
enthält, ist ein **Durchmesser**
des Kreises.

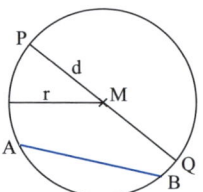

**Lagebeziehungen zwischen Kreis und Gerade**
Eine Gerade kann einen Kreis
- in zwei Punkten R und S
  schneiden. Dann wird die
  Gerade s **Sekante** genannt.
- in einem Punkt T berühren.
  Dann heißt die Gerade t
  **Tangente**. Die Tangente t
  steht in T auf $\overline{TM}$ senkrecht:
  $t \perp \overline{TM}$
- weder berühren noch schneiden, sondern an ihm vorbeilaufen.
  Eine solche Gerade p wird **Passante** genannt.

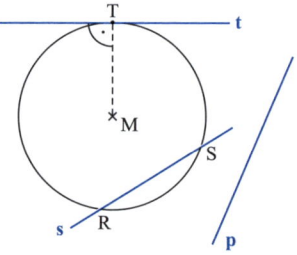

### Umfangswinkelsatz

Verbindet man die beiden Endpunkte P und Q einer Sehne $\overline{PQ}$ eines Kreises mit einem beliebigen Punkt $R_i$ auf dem Kreisbogen zwischen P und Q, so sind alle Winkel $\angle\,PR_iQ = \varphi$ gleich groß. Dabei liegen alle $R_i$ auf derselben Seite der Sehne $\overline{PQ}$. Der Winkel $\varphi$ heißt **Umfangswinkel**.

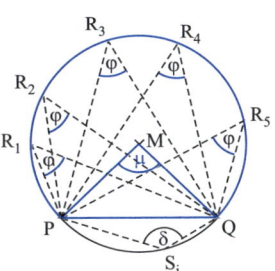

Für jeden beliebigen Punkt $S_i$ auf dem anderen Kreisbogenstück zwischen P und Q sind ebenfalls alle Winkel $\angle\,QS_iP = \delta$ gleich groß und es gilt $\delta = 180° - \varphi$.

### Satz vom Mittelpunktswinkel

Der zur Sehne $\overline{PQ}$ gehörende **Mittelpunktswinkel** $\mu = \angle\,PMQ$ ist doppelt so groß wie der Umfangswinkel $\varphi$: $\mu = 2\varphi$

# 13 Ähnlichkeit

Zwei Vielecke F und G heißen **ähnlich** zueinander (i. Z. **F ~ G**), wenn sich ihre Eckpunkte so einander zuordnen lassen, dass Folgendes gilt:
- entsprechende Winkel sind gleich groß.
- Jede Seite des Vielecks F ist k-mal so lang wie die entsprechende Seite des Vielecks G. Der Faktor **k** heißt **Ähnlichkeitsfaktor**.
- Für den **Flächeninhalt** $A_F$ des Vielecks F gilt dann $A_F = k^2 \cdot A_G$.

Ist a eine Seite des Vielecks F und b die entsprechende Seite des Vielecks G, so heißt der Bruch $\dfrac{a}{b} = k$ bzw. der Quotient **a : b** das **Längenverhältnis** oder **Verhältnis** der beiden Seiten.

Der Ähnlichkeitsfaktor $k = \dfrac{a}{b}$ wird oft in der Form 1 : x oder x : 1 angegeben und wird auch **Ähnlichkeitsmaßstab** oder **Maßstab** genannt.

## 14 Zentrische Streckung

Die **zentrische Streckung** ist eine so genannte **Ähnlichkeitsabbil-dung**, die zu einer Figur eine ähnliche Figur erzeugt. Eine zentrische Streckung ist durch das **Streckzentrum Z** und den **Streckfaktor k** festgelegt.

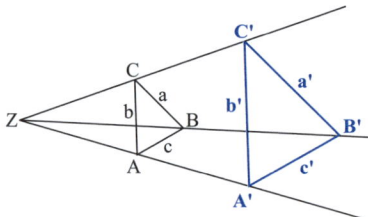

---

**Konstruktion eines Bildpunktes bei der zentrischen Streckung**
a) **k > 0**:
  (1) Zeichne $\overrightarrow{ZP}$.
  (2) Zeichne den Punkt P' auf $\overrightarrow{ZP}$ so, dass gilt: $|ZP'| = k \cdot |ZP|$
b) **k < 0**:
  (1) und (2) wie bei a) mit dem Streckfaktor $|k|$.
  (3) Punktspiegelung am Zentrum Z.

---

$|k| > 1:$ Man erhält ein vergrößertes Bild der Ausgangsfigur.
$0 < |k| < 1:$ Man erhält ein verkleinertes Bild der Ausgangsfigur.
$k = 1:$ Figur und Bildfigur stimmen überein.
$k = -1:$ Die zentrische Streckung ist eine Punktspiegelung am Streckzentrum Z.

---

**Eigenschaften der zentrischen Streckung mit Streckfaktor k**
• Winkel und Bildwinkel sind gleich groß.
• Für eine Strecke $\overline{AB}$ und ihre Bildstrecke $\overline{A'B'}$ gilt:
  $|A'B'| = |k| \cdot |AB|$
• Gerade und Bildgerade sind zueinander parallel.
• Das Streckzentrum Z wird auf sich selbst abgebildet.
• Geraden durch Z werden auf sich selbst abgebildet.

## 15 Die Strahlensätze

Voraussetzung bei den beiden Strahlensätzen ist, dass von einem Punkt (meist **Zentrum Z** genannt) zwei Strahlen ausgehen, die von zwei parallelen Geraden g und h geschnitten werden.

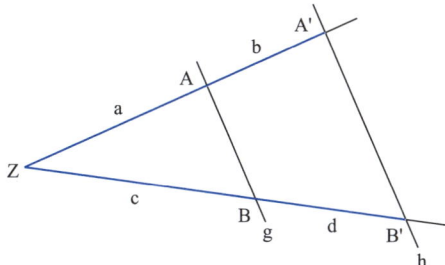

**1. Strahlensatz:** Die Streckenabschnitte auf dem einen Strahl verhalten sich wie die entsprechenden Abschnitte auf dem anderen Strahl.

$$\frac{a}{b} = \frac{c}{d}$$

$$\frac{a+b}{a} = \frac{c+d}{c}$$

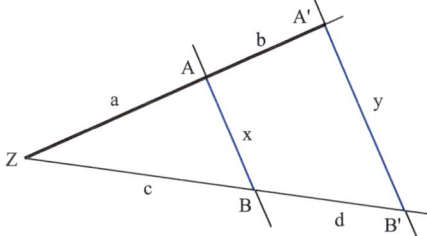

**2. Strahlensatz:** Die Abschnitte auf den Parallelen verhalten sich wie die von Z aus gemessenen Abschnitte auf jedem einzelnen Strahl.

$$\frac{y}{x} = \frac{a+b}{a}$$

$$\frac{y}{x} = \frac{c+d}{c}$$

## 16 Die Satzgruppe des Pythagoras

Für ein **rechtwinkliges Dreieck**
mit den Katheten a und b und
der Hypotenuse c sowie der
Höhe $h_c$ und den Hypotenusen-
abschnitten p und q gelten die
folgenden Sätze:

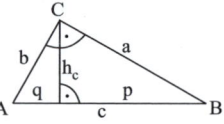

Der **Satz des Pythagoras**:      $a^2 + b^2 = c^2$

Der **Kathetensatz**:      $a^2 = c \cdot p$  und  $b^2 = c \cdot q$

Der **Höhensatz**:      $h_c^2 = p \cdot q$

# Räumliche Geometrie

## 1 Prisma und Zylinder

Bei einem **Prisma** sind Grund- und Deckfläche kongruent (deckungsgleich). Die **Grundfläche G** kann aus beliebigen Vielecken bestehen. Die **Seitenkanten $s_k$** stehen senkrecht auf der Grundfläche und verlaufen zur **Körperhöhe $h_k$** parallel. (Es gibt außerdem „schiefe" Prismen, bei denen die Seitenkanten nicht senkrecht zur Grundfläche stehen. Solche Körper betrachten wir hier nicht.) Die Höhe der Seitenfläche $h_s$ sowie $s_k$ und $h_k$ sind gleich lang.
Die Summe der Seitenflächen eines Prismas heißt **Mantelfläche** oder **Mantel**. Wird der Mantel in die Ebene abgewickelt, so ergibt sich ein Rechteck mit der Körperhöhe $h_k$ und dem Umfang u der Grundfläche G als Seitenlängen.

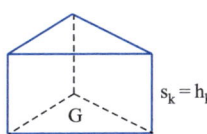

Prisma mit einem Dreieck
als Grundfläche

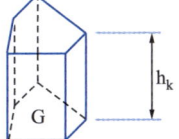

Prisma mit einem Fünfeck
als Grundfläche

Volumen eines Prismas:

$$V = G \cdot h_k$$

Mantelfläche eines Prismas:

$$M = u \cdot h_k$$

Oberfläche eines Prismas:

$$O = 2 \cdot G + M$$

Spezielle Prismen sind
**Würfel** und **Quader**.

Würfel

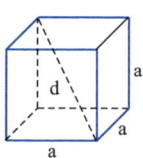

Volumen eines Würfels:

Oberfläche eines Würfels:

Raumdiagonale eines Würfels:

$$V = a^3$$

$$O = 6 \cdot a^2$$

$$d = a \cdot \sqrt{3}$$

Quader

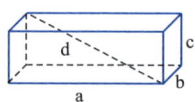

Volumen eines Quaders:

Oberfläche eines Quaders:

Raumdiagonale eines Quaders:

$$V = a \cdot b \cdot c$$

$$O = 2 \cdot a \cdot b + 2 \cdot a \cdot c + 2 \cdot b \cdot c$$

$$d = \sqrt{a^2 + b^2 + c^2}$$

Beim **Zylinder** ist die Grundfläche G eine Kreisfläche mit dem Radius r und dem Durchmesser $d = 2r$. Den Mantel kann man abwickeln. Er besteht aus einem Rechteck mit der Höhe $h_k$ und dem Kreisumfang $u = 2\pi r = \pi d$ als Seitenlängen.

Zylinder

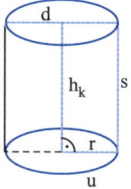

Volumen eines Zylinders:

Mantelfläche eines Zylinders:

Oberfläche eines Zylinders:

$$V = \pi r^2 \cdot h_k = \pi \frac{d^2}{4} \cdot h_k$$

$$M = 2\pi r \cdot h_k = \pi \cdot d \cdot h_k$$

$$O = 2\pi r^2 + 2\pi r h_k$$
$$= 2\pi r (r + h_k)$$
$$= \pi d \left( \frac{d}{2} + h_k \right)$$

## 2 Pyramide und Kegel

Bei der **Pyramide** gibt es nur eine **Grundfläche G**, die aus verschiedenen Vielecken bestehen kann. Die **Körperhöhe $h_k$**, die **Seitenkante $s_k$** und die **Höhe der Seitenfläche $h_s$** sind nicht gleich lang.

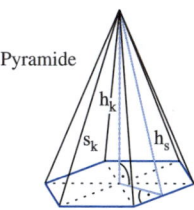

Pyramide

Das Volumen einer Pyramide:

$$V = \frac{1}{3} \cdot G \cdot h_k$$

Die Oberfläche einer Pyramide:

$$O = G + M$$

Bei der **quadratischen Pyramide** bezeichnet man die Grundkanten mit a. Der Mantel M besteht aus gleichschenkligen Dreiecken mit der Grundseite a und der Höhe $h_s$.

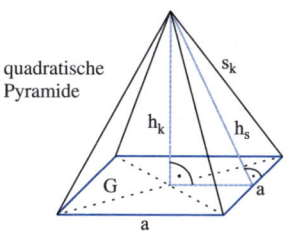

quadratische Pyramide

Für die **quadratische Pyramide** ergeben sich

Volumen:

$$V = \frac{1}{3} \cdot a^2 \cdot h_k$$

Mantelfläche:

$$M = 4 \cdot \frac{a \cdot h_s}{2} = 2 \cdot a \cdot h_s$$

Oberfläche:

$$O = a^2 + 4 \cdot \frac{a \cdot h_s}{2}$$

Beim **Kegel** ist die Grundfläche G
eine Kreisfläche mit dem Radius r und dem
Durchmesser d = 2r. s ist die **Mantellinie**.
Der Mantel M ist ein Kreisausschnitt,
wenn man ihn abwickelt.

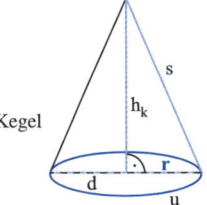

Kegel

Für den **Kegel** gilt für

Volumen:

$$V = \frac{1}{3} \cdot \pi \cdot r^2 \cdot h_k = \frac{1}{3} \cdot \pi \cdot \frac{d^2}{4} \cdot h_k = \frac{1}{12} \pi d^2 \cdot h_k$$

Mantelfläche:

$$M = \pi \cdot r \cdot s = \pi \cdot \frac{d}{2} \cdot s$$

Oberfläche:

$$O = \pi \cdot r^2 + \pi \cdot r \cdot s = \pi r(r+s)$$
$$= \pi \cdot \frac{d^2}{4} + \pi \cdot \frac{d}{2} \cdot s = \pi \cdot \frac{d}{2}\left(\frac{d}{2} + s\right)$$

## 3 Pyramidenstumpf und Kegelstumpf

Bei einem **Pyramidenstumpf** sind die **Grundfläche $G_1$** und die **Deckfläche $G_2$** verschieden groß, aber formgleich (ähnlich). Die Körperhöhe heißt $h_k$, die Höhe der Seitenfläche $h_s$ und die Seitenkante $s_k$.

Pyramiden-
stumpf

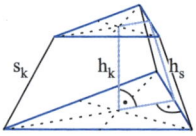
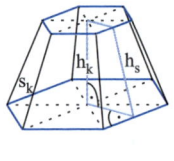

Beim **quadratischen Pyramidenstumpf** heißen die Grundkanten $a_1$
und $a_2$. Die Strecken $h_k$, $h_s$ und $s_k$
sind nicht gleich lang. Der
Mantel M setzt sich aus vier
gleichschenkligen Trapezen
zusammen. Deren parallele
Seiten sind $a_1$ und $a_2$; die
Trapezhöhe ist jeweils $h_s$.

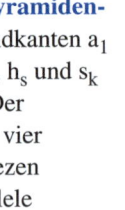
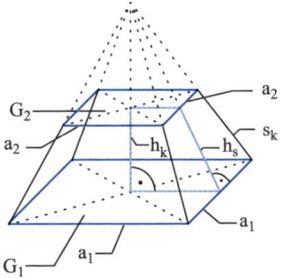

Beim **Kegelstumpf** bestehen
die Grundfläche $G_1$ und die
Deckfläche $G_2$ aus zwei Kreis-
flächen, die verschieden groß
sind. Die Radien dieser Grund-
flächen heißen $r_1$ und $r_2$, die
Mantellinie ist s. Der Mantel M
lässt sich als Differenz zweier
Kreisausschnitte betrachten,
wenn man ihn abwickelt.

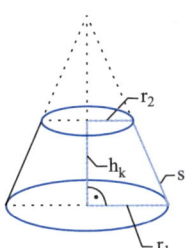

Ganz allgemein gilt:

Das Volumen eines
Pyramidenstumpfs
oder eines Kegelstumpfs:

$$V = \frac{h_k}{3} \cdot (G_1 + \sqrt{G_1 \cdot G_2} + G_2)$$

Die Oberfläche eines
Pyramidenstumpfs
oder eines Kegelstumpfs:

$$O = G_1 + G_2 + M$$

Zwei besondere Stumpfkörper:

Für den **quadratischen
Pyramidenstumpf** gilt:

$$V = \frac{h_k}{3} \cdot (a_1^2 + a_1 \cdot a_2 + a_2^2)$$

$$O = a_1^2 + a_2^2 + 4 \cdot \frac{a_1 + a_2}{2} \cdot h_s$$

Beim **Kegelstumpf**
berechnet man:

$$V = \frac{\pi \cdot h_k}{3} \cdot (r_1^2 + r_1 \cdot r_2 + r_2^2)$$

$$O = \pi \cdot r_1^2 + \pi \cdot r_2^2 + \pi \cdot s \cdot (r_1 + r_2)$$

## 4  Die Kugel

Der **Radius r** einer
**Kugel** ist der Abstand
ihres Mittelpunkts
von der Oberfläche.

Kugel

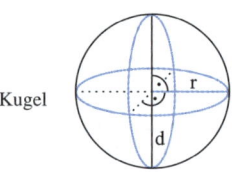

Das Volumen einer Kugel:

$$V = \frac{4}{3} \cdot \pi \cdot r^3 = \frac{4}{3} \cdot \pi \cdot \frac{d^3}{8} = \frac{1}{6} \pi \cdot d^3$$

Die Oberfläche einer Kugel:

$$O = 4 \cdot \pi \cdot r^2 = \pi \cdot d^2$$

## 5  Zeichnen von Schrägbildern

Um sich einen geometrischen Körper besser vorstellen zu können,
zeichnet man oft ein zweidimensionales Abbild des Körpers, ein so
genanntes **Schrägbild**. Dabei ist Folgendes zu beachten:
- Alle Strecken, die parallel zur Bildebene liegen, werden in ihrer
  wahren Länge wiedergegeben.
- Strecken, die zur Bildebene senkrecht stehen, werden (meist unter
  dem Winkel 45°) gegen die Horizontale geneigt und auf die Hälfte
  verkürzt dargestellt.
- Nicht sichtbare Kanten werden gestrichelt gezeichnet.

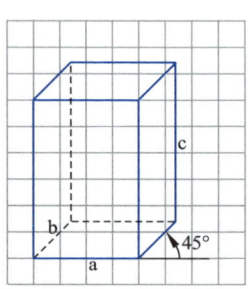

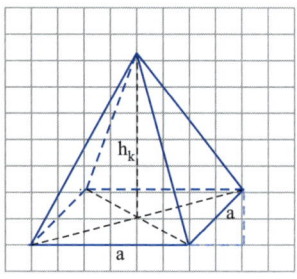

# Trigonometrie

## 1 Definitionen

Für einen **Winkel** in einem **rechtwinkligen Dreieck** gilt:

Sinus:   $\sin \sphericalangle = \dfrac{\text{Gegenkathete}}{\text{Hypotenuse}}$

Kosinus: $\cos \sphericalangle = \dfrac{\text{Ankathete}}{\text{Hypotenuse}}$

Tangens: $\tan \sphericalangle = \dfrac{\text{Gegenkathete}}{\text{Ankathete}}$

Mit den nebenstehenden Bezeichnungen gilt z. B.:

$\sin \alpha = \dfrac{a}{c}$

$\cos \alpha = \dfrac{b}{c}$

$\tan \alpha = \dfrac{a}{b}$

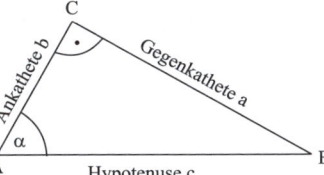

## 2 Besondere Werte

| α | 0° | 30° | 45° | 60° | 90° | 180° | 270° | 360° |
|---|---|---|---|---|---|---|---|---|
| **sin α** | 0 | $\frac{1}{2}$ | $\frac{1}{2}\sqrt{2}$ | $\frac{1}{2}\sqrt{3}$ | 1 | 0 | −1 | 0 |
| **cos α** | 1 | $\frac{1}{2}\sqrt{3}$ | $\frac{1}{2}\sqrt{2}$ | $\frac{1}{2}$ | 0 | −1 | 0 | 1 |
| **tan α** | 0 | $\frac{1}{3}\sqrt{3}$ | 1 | $\sqrt{3}$ | nicht definiert | 0 | nicht definiert | 0 |

## 3 Vorzeichentabelle

In den vier Quadranten I, II, III und IV haben die trigonometrischen Funktionen folgende Vorzeichen:

|  | I | II | III | IV |
|---|---|---|---|---|
| **Winkel-bereich** | $0° < \alpha < 90°$ | $90° < \alpha < 180°$ | $180° < \alpha < 270°$ | $270° < \alpha < 360°$ |
| **sin α** | + | + | − | − |
| **cos α** | + | − | − | + |
| **tan α** | + | − | + | − |

## 4 Beziehungen zwischen Sinus, Kosinus und Tangens

$\cos\alpha = \sin(90° - \alpha)$

$\sin\alpha = \cos(90° - \alpha)$

$\tan\alpha = \dfrac{\sin\alpha}{\cos\alpha}$

$(\sin\alpha)^2 + (\cos\alpha)^2 = 1$

## 5 Sinus- und Kosinusfunktion

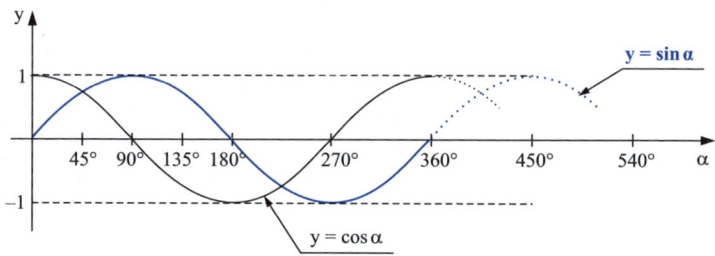

Die Sinus- und die Kosinusfunktion sind **periodische Funktionen** mit der **Periodenlänge 360°**.

Es gelten:

$$\begin{aligned} \sin\alpha &= \sin(\alpha + k \cdot 360°) \\ \cos\alpha &= \cos(\alpha + k \cdot 360°) \end{aligned} \quad \text{mit } k \in \mathbb{Z}$$

$$\sin(-\alpha) = -\sin\alpha$$

$$\cos(-\alpha) = \cos\alpha$$

## 6  Die Funktionen $y = a \cdot \sin\alpha$ und $y = a \cdot \cos\alpha$

Periodische Funktionen sind $y = a \cdot \sin\alpha$ und $y = a \cdot \cos\alpha$ für $a \in \mathbb{R}$, $a \neq 0$. Für $a = 1$ ergibt sich daraus die Sinus- bzw. die Kosinusfunktion.

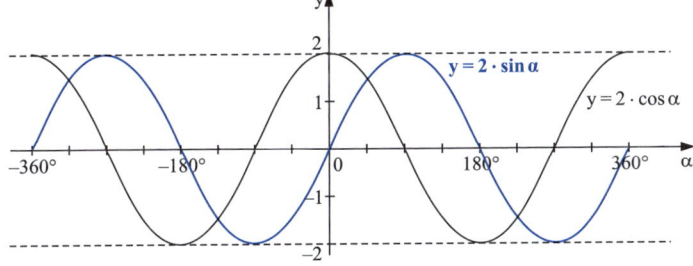

### Eigenschaften der Funktion $y = a \cdot \sin\alpha$
- Die Funktion ist periodisch mit der Periodenlänge $360°$.
- Die Nullstellen liegen bei $k \cdot 180°$, $k \in \mathbb{Z}$.
- Der größte Funktionswert ist $|a|$,
  der kleinste Funktionswert ist $-|a|$.

### Eigenschaften der Funktion $y = a \cdot \cos\alpha$
- Die Funktion ist periodisch mit der Periodenlänge $360°$.
- Die Nullstellen liegen bei $\left(k + \frac{1}{2}\right) \cdot 180°$, $k \in \mathbb{Z}$.
- Der größte Funktionswert ist $|a|$,
  der kleinste Funktionswert ist $-|a|$.

## 7 Berechnung des Flächeninhalts eines Dreiecks mithilfe des Sinus

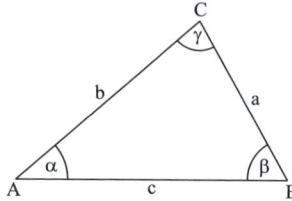

$$A = \frac{b \cdot c \cdot \sin \alpha}{2}$$
$$= \frac{a \cdot c \cdot \sin \beta}{2}$$
$$= \frac{a \cdot b \cdot \sin \gamma}{2}$$

## 8 Sinussatz

In jedem Dreieck ABC gelten:

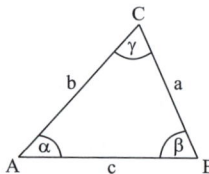

$$\frac{a}{b} = \frac{\sin \alpha}{\sin \beta}$$
$$\frac{b}{c} = \frac{\sin \beta}{\sin \gamma}$$
$$\frac{c}{a} = \frac{\sin \gamma}{\sin \alpha}$$

## 9 Kosinussatz

In jedem Dreieck ABC gelten:

$$a^2 = b^2 + c^2 - 2bc \cdot \cos \alpha$$
$$b^2 = c^2 + a^2 - 2ca \cdot \cos \beta$$
$$c^2 = a^2 + b^2 - 2ab \cdot \cos \gamma$$

# Wahrscheinlichkeitsrechnung

## 1 Zufallsversuche und Wahrscheinlichkeit

Es gibt Versuche mit nicht vorhersehbarem Ausgang, so genannte **Zufallsversuche**. Jeder Zufallsversuch hat ein **Ergebnis**. Die Menge aller möglichen Ergebnisse eines Zufallsversuchs nennt man die **Ergebnismenge** oder die **Grundmenge** eines Zufallsversuchs.

Bei einem Zufallsversuch kann ein bestimmtes **Ereignis** eintreten. Zu jedem Ereignis gehört eine bestimmte Menge von Ergebnissen.

Unter der Voraussetzung, dass alle Ergebnisse eines Zufallsversuchs gleich wahrscheinlich sind, kann man die **Wahrscheinlichkeit eines Ereignisses** bestimmen:

---

**Wahrscheinlichkeit eines Ereignisses**

$$\text{Wahrscheinlichkeit} = \frac{\text{Anzahl der günstigen Ergebnisse}}{\text{Anzahl der möglichen Ergebnisse}}$$

---

Ereignisse können miteinander durch „**oder**" oder „**und**" verknüpft sein. Bei einer Verknüpfung mit „**oder**" muss **mindestens eine der beiden Bedingungen** erfüllt sein. Bei einer Verknüpfung mit „**und**" müssen **beide Bedingungen** erfüllt sein.

## 2 Wahrscheinlichkeit und relative Häufigkeit

Wiederholt man einen Zufallsversuch mehrmals, so nennt man die Anzahl der Versuche, bei denen ein bestimmtes Ergebnis auftritt, die **absolute Häufigkeit** dieses Ergebnisses. Berechnet man den Quotienten aus der absoluten Häufigkeit des Ergebnisses und der Gesamtzahl der Zufallsversuche, so heißt dieser Quotient **relative Häufigkeit** des Ergebnisses.

Wird ein Zufallsversuch sehr oft wiederholt, so nähert sich die relative Häufigkeit eines Ergebnisses der Wahrscheinlichkeit dieses Ergebnisses an. Damit kann die Wahrscheinlichkeit näherungsweise durch die relative Häufigkeit bei einer langen Versuchsreihe bestimmt werden.

## 3 Mehrstufige Zufallsversuche

Wird z. B. eine Münze mehrmals nacheinander geworfen, so spricht man von einem **mehrstufigen Zufallsversuch**. Mehrstufige Zufallsversuche kann man mithilfe eines **Baumdiagramms** übersichtlich darstellen. Im Fall des Werfens einer Münze gibt es bei jedem Wurf die beiden Möglichkeiten Zahl (Z) oder Wappen (W). Die Wahrscheinlichkeit für W oder Z ist $\frac{1}{2}$; sie wird jeweils an den einzelnen Ästen des Baumdiagramms angeschrieben.

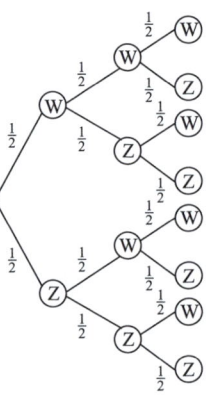

1. Wurf   2. Wurf   3. Wurf

Beim Berechnen von Wahrscheinlichkeiten bei mehrstufigen Zufallsversuchen helfen die folgenden Regeln:

**Wahrscheinlichkeiten bei mehrstufigen Zufallsversuchen**

**Pfadregel (Multiplikationssatz)**
Die Wahrscheinlichkeit für ein **Ergebnis** erhält man, indem man alle Wahrscheinlichkeiten längs des Pfades, der zu diesem Ergebnis führt, miteinander multipliziert.

**Summenregel (Additionssatz)**
Die Wahrscheinlichkeit eines **Ereignisses** ist die Summe der Wahrscheinlichkeiten aller Ergebnisse, die zu diesem Ereignis gehören.

# Statistik

## 1 Statistische Erhebungen

Bei **statistischen Erhebungen** wird die **Grundgesamtheit** auf bestimmte **Merkmale** hin untersucht, wobei verschiedene **Merkmalsausprägungen** unterschieden werden.

Bei Beschränkung auf einen Teil der Grundgesamtheit zieht man eine **Stichprobe**, z. B. vom **Umfang** 1000 Personen oder Exemplare.

Eine Stichprobe soll **repräsentativ** sein, also die Zusammensetzung der Grundgesamtheit hinsichtlich bestimmter Merkmale im Kleinen widerspiegeln. Es gibt Merkmale, die sich durch Zahlenwerte ausdrücken lassen. Solche Merkmale heißen **quantitative Merkmale** oder **Merkmalswerte**. Andere Merkmale lassen sich nur in Worten beschreiben. Diese Merkmale werden **qualitative Merkmale** genannt.

## 2 Absolute und relative Häufigkeit

Die **absolute Häufigkeit** einer Merkmalsausprägung ist die Anzahl aller Personen oder Gegenstände aus der Grundgesamtheit mit dieser Merkmalsausprägung. Die **relative Häufigkeit** ist der Anteil dieser Merkmalsausprägung an der Gesamtzahl.

---

**Relative Häufigkeit**

$$\text{relative Häufigkeit} = \frac{\text{absolute Häufigkeit}}{\text{Gesamtanzahl}}$$

---

Sie kann als Bruch, Dezimalbruch oder in Prozent angegeben werden. Absolute und relative Häufigkeiten von Merkmalsausprägungen kann man in einer Tabelle aufschreiben. Die Tabelle zeigt dann die **Häufigkeitsverteilung** des Merkmals auf; sie kann durch ein Säulen-, Streifen- oder Kreisdiagramm veranschaulicht werden.

---

**Summenprobe für relative Häufigkeiten**
Bei statistischen Erhebungen ohne Mehrfachnennungen ist die Summe aller relativen Häufigkeiten gleich 1 bzw. 100 %.

---

## 3  Das arithmetische Mittel

Ergebnisse von statistischen Erhebungen werden häufig zunächst in Form einer **Strichliste**, der **Urliste der Merkmalswerte**, notiert. Falls es sich dabei um **quantitative Merkmale** handelt, kann man den **Mittelwert** oder das **arithmetische Mittel** $\bar{x}$ daraus berechnen:

---

**Mittelwert**

$$\bar{x} = \frac{\text{Summe aller Merkmalswerte}}{\text{Anzahl der Merkmalswerte}} = \frac{x_1 + \ldots + x_n}{n}$$

---

- Das arithmetische Mittel lässt sich auch mithilfe absoluter Häufigkeiten berechnen: Für die Summe aller Merkmalswerte wird die absolute Häufigkeit eines jeden Merkmalswerts mit diesem multipliziert und die Produkte werden addiert. Die Anzahl der Merkmalswerte ist die Summe aller absoluten Häufigkeiten.
- Falls nur relative Häufigkeiten in Prozent bekannt sind, ist die Anzahl der Merkmalswerte (ohne Mehrfachnennungen) stets 100. Als Zähler des Bruches ergibt sich die Summe der Produkte aus den Merkmalswerten und den jeweils zugehörigen Prozentsätzen.

Manchmal werden Merkmalswerte verschieden stark gewichtet. Dann ist jedem Merkmalswert $x_i$ ein **Gewicht $n_i$** zugeordnet. Der **gewichtete Mittelwert** wird folgendermaßen berechnet:

---

**Gewichteter Mittelwert**

$$\frac{\text{Summe der Produkte aus den Merkmalswerten und den Gewichten}}{\text{Summe aller Gewichte}}$$

$$= \frac{x_1 \cdot n_1 + \ldots + x_k \cdot n_k}{n_1 + \ldots + n_k}$$

---

## 4 Modalwert und Zentralwert

Bei qualitativen Merkmalen gibt es kein arithmetisches Mittel. Dann kann die statistische Erhebung durch die am häufigsten vorkommende Merkmalsausprägung, den so genannten **Modalwert**, gekennzeichnet werden.

Falls man die Ausprägungen eines Merkmals durch Zahlen ausdrücken kann, kann man den Zentralwert der Erhebung angeben. Dazu werden die Ausprägungen der Urliste ihrer Rangfolge nach geordnet. Der **Zentralwert** oder **Median** ist dann

- der in der Mitte stehende Wert, falls die Anzahl der Merkmalswerte der Stichprobe ungerade ist,
- der Mittelwert der beiden in der Mitte stehenden Werte, falls die Anzahl der Merkmalswerte in der Stichprobe gerade ist.

## 5 Die Spannweite und die mittlere Abweichung

Da die einzelnen Werte einer Stichprobe mehr oder weniger stark vom Mittelwert der Stichprobe abweichen, also um den Mittelwert streuen, benötigt man ein Maß für die **Streuung**:

- Die **Spannweite** ist die Differenz zwischen dem größten und dem kleinsten Wert.
- Um die **mittlere Abweichung** zu berechnen, werden zuerst der Mittelwert $\overline{x}$ und dann die Abweichungen vom Mittelwert ermittelt; sodann addiert man die Abweichungen und teilt diese Summe durch die Anzahl der Werte.

---

**Mittlere Abweichung**
Für n Merkmalswerte $x_1$. ..., $x_n$ ergibt sich der Mittelwert $\overline{x}$ zu

$$\overline{x} = \frac{x_1 + x_2 + \ldots x_n}{n}$$

und die mittlere Abweichung $\overline{e}$ zu

$$\overline{e} = \frac{1}{n}\left(\,|\,x_1 - \overline{x}\,| + |\,x_2 - \overline{x}\,| + \ldots + |\,x_n - \overline{x}\,|\,\right)$$

---

# 6 Varianz und Standardabweichung

Zur **Berechnung der mittleren quadratischen Abweichung** oder **Varianz $s^2$** geht man folgendermaßen vor:

- Berechne den Mittelwert $\bar{x}$ der Messwerte.
- Berechne für jeden Messwert a die Differenz $a - \bar{x}$.
- Berechne $(a - \bar{x})^2$ für jedes a.
- Addiere diese Quadrate.
- Dividiere die Summe der Quadrate durch die Anzahl der Messwerte.

---

**Varianz und Standardabweichung**

- Für n Merkmalswerte $x_1$ ..., $x_n$ ergibt sich die **mittlere quadratische Abweichung (Varianz) $s^2$** zu

$$s^2 = \frac{1}{n}[(x_1 - \bar{x})^2 + (x_2 - \bar{x})^2 + ... + (x_n - \bar{x})^2]$$

wobei $\bar{x}$ der Mittelwert der Messwerte $x_1$, ..., $x_n$ ist.

- Die **Standardabweichung s** ist die Wurzel aus der mittleren quadratischen Abweichung $s = \sqrt{s^2}$.

---

# Physik

## 1 Optik

### Reflexion

**Reflexionsgesetz** $\quad \alpha = \beta$

$\alpha$: Einfallswinkel
$\beta$: Reflexionswinkel

Zur Bestimmung des Einfallswinkels ist das **Lot** zur Reflexionsebene festzulegen.

Bei **ebenen Flächen** steht das Lot im rechten Winkel zur Reflexionsebene.

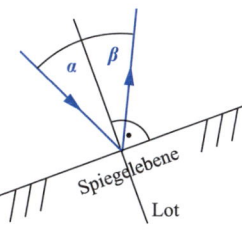

Bei **gerundeten Flächen / Körpern** steht das Lot im rechten Winkel zur Tangente der Rundung.

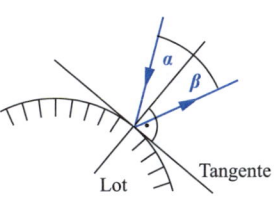

### Lichtbrechung

Licht wird beim Übergang von einem optisch durchsichtigen Medium in ein anderes optisches Medium gebrochen oder (total) reflektiert, wenn sich die Medien in der Brechzahl unterscheiden.

**Brechzahl** $\qquad n_{\text{Medium}} = \dfrac{c_{\text{Vakuum}}}{c_{\text{Medium}}}$

$n_{\text{Medium}}$: Brechzahl des Mediums
$c_{\text{Vakuum}}$: Lichtgeschwindigkeit im Vakuum
$c_{\text{Medium}}$: Lichtgeschwindigkeit im Medium

**Brechungsgesetz** $\quad \dfrac{\sin \alpha}{\sin \beta} = \dfrac{n_2}{n_1} = \dfrac{c_1}{c_2}$

$n_1$: Brechzahl von Medium 1
$n_2$: Brechzahl von Medium 2
$c_1$: Lichtgeschwindigkeit im Medium 1
$c_2$: Lichtgeschwindigkeit im Medium 2

Zur **Totalreflexion** kommt es, wenn der Einfallswinkel einen spezifischen Grenzwinkel erreicht oder überschreitet.

**Grenzwinkel** $\quad \sin \alpha_G = \dfrac{n_2}{n_1} = \dfrac{c_1}{c_2}$

$n_1$: Brechzahl des optisch dichteren Mediums
$n_2$: Brechzahl des optisch dünneren Mediums

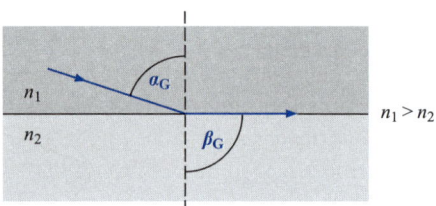

### Abbildung durch Linsen

**Abbildungsgleichung** $\quad \dfrac{1}{f} = \dfrac{1}{g} + \dfrac{1}{b}$

$f$: Brennweite in m (**Meter**)
$g$: Gegenstandsweite in m
$b$: Bildweite in m

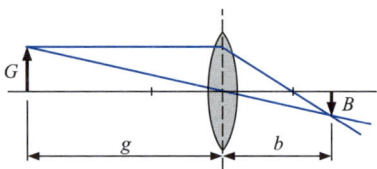

**Brechwert einer Linse** $D = \dfrac{1}{f}$

$D$: Brechwert in dpt (**Dioptrie**)
$f$: Brennweite in m

**Abbildungsmaßstab** $A = \dfrac{B}{G} = \dfrac{b}{g}$

$A$: Abbildungsmaßstab
$B$: Bildgröße in m
$G$: Gegenstandsgröße in m

# 2 Schall / Schwingungen

Mit der Frequenz wird die Anzahl von Schwingungen in einer bestimmten Zeitspanne angegeben.

**Frequenz** $\qquad\qquad f = \dfrac{n}{t}$ bzw. $f = \dfrac{1}{T}$

$f$: Frequenz in Hz (**Hertz**)
$n$: Anzahl der Schwingungen
$t$: Zeit in s (**Sekunde**)
$T$: Schwingungsdauer in s $(T = \dfrac{t}{n})$

# 3 Wärme

## Ausdehnung von festen Stoffen und Flüssigkeiten
**Feste Stoffe** und **Flüssigkeiten** dehnen sich bei Erwärmung in bestimmten Temperaturgrenzen linear aus.

**Längenänderung** $\qquad \Delta\ell = \ell_0 \cdot \alpha \cdot \Delta T$

$\Delta\ell$: Längenänderung in m
$\ell_0$: Anfangslänge in m
$\Delta T$: Temperaturdifferenz zwischen Anfangs- und Endtemperatur in K (**Kelvin**)
$\alpha$: materialspezifischer Längenausdehnungskoeffizient in $\dfrac{1}{K}$

**Endlänge** $\ell = \ell_0 + \Delta\ell = \ell_0 \cdot (1 + \alpha \cdot \Delta T)$

**Volumenänderung** $\Delta V = V_0 \cdot \gamma \cdot \Delta T$

$\Delta V$: Volumenänderung in m³
$V_0$: Anfangslänge in m³
$\Delta T$: Temperaturdifferenz zwischen Anfangs- und Endtemperatur in K
$\gamma$: materialspezifischer Volumenausdehnungskoeffizient in $\frac{1}{K}$

**Endvolumen** $V = V_0 + \Delta V = V_0 \cdot (1 + \gamma \cdot \Delta T)$

## Ausdehnung von Gasen
**Gase** dehnen sich bei Erwärmung und bei konstantem Druck linear aus.

**Volumenänderung** $\Delta V = V_0 \cdot \dfrac{1}{273\,°C} \cdot \Delta T$

**Endvolumen** $V = V_0 \cdot \left(1 + \dfrac{1}{273\,°C} \cdot \Delta T\right)$

## Wärmeenergie und Wärmeleistung

**Wärmeenergieänderung** $W_{th} = c \cdot m \cdot \Delta\delta$

$W_{th}$: Wärmeenergieänderung in kJ (**Kilojoule**)
$c$: materialspezifische Wärmekapazität in $\frac{kJ}{kg \cdot °C}$
$m$: Masse in kg (**Kilogramm**)
$\Delta\delta$: Temperaturänderung in °C (**Grad Celsius**)

Bei **Energieumwandlungen** sind die Energieeinheiten Joule, Wattsekunden und Newtonmeter gleichberechtigt:

$$1\,J = 1\,Ws = 1\,Nm$$

**Wärmeleistung** $P = \dfrac{W_{th}}{t}$

$P$: Wärmeleistung in W (**Watt**)
$W_{th}$: abgegebene Wärmeenergie in J (**Joule**)
$t$: Zeit in s

# 4 Mechanik

## Kraft

**Kraftgesetz**

$F = m \cdot a$

$F$: Kraft in N (**Newton**)
$m$: Masse in kg
$a$: Beschleunigung in $\frac{m}{s^2}$

**Gewichtskraft**

$F_{\mathrm{G}} = m \cdot g$

$g$: Fallbeschleunigung in $\frac{m}{s^2}$
(auf der Erde ca. 9,81 $\frac{m}{s^2}$)

Bei Dehnung und Stauchung von Schraubenfedern gilt in Grenzen,
dass die Federkraft proportional zur Ausdehnung der Feder ist:

**Hooke'sches Gesetz**    $F = D \cdot s$

$F$: Zug- bzw. Druckkraft in N
$D$: Federkonstante in $\frac{N}{m}$
$s$: Ausdehnung der Feder in m

### Kraftdarstellung durch Vektoren (Pfeile)

Durch Vektoren können Betrag,
Richtung und Angriffspunkt von
Kräften beschrieben werden. Sie
lassen sich paarweise in einem
**Kräfteparallelogramm** ver-
knüpfen. Maßstäbliche Zeichnungen liefern ungefähre Werte,
trigonometrische Berechnungen
liefern exakte Werte.

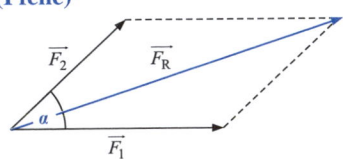

$\vec{F_1}$ und $\vec{F_2}$ bilden einen beliebigen
Winkel $\alpha$ miteinander
$\vec{F_{\mathrm{R}}}$: resultierende Kraft

### Dichte

**Dichte**

$\rho = \dfrac{m}{V}$

$\rho$: Dichte in $\frac{kg}{m^3}$. Weitere Maßeinheit: $\frac{g}{cm^3}$
$m$: Masse in kg (bzw. g)
$V$: Volumen in $m^3$ (bzw. $cm^3$)

## Hebelgesetz und Drehmoment

**Hebelgesetz**  $F_1 \cdot \ell_1 = F_2 \cdot \ell_2$

$F_1$: Kraft in N
$\ell_1$: Kraftarm in m
$F_2$: Last in N
$\ell_2$: Lastarm in m

Liegen Angriffspunkt der Kraft und Angriffspunkt der Last vom Drehpunkt aus betrachtet auf der gleichen Seite des Hebelarms, spricht man vom einseitigen Hebel, liegen sie auf verschiedenen Seiten, spricht man vom zweiseitigen Hebel.

einseitiger Hebel

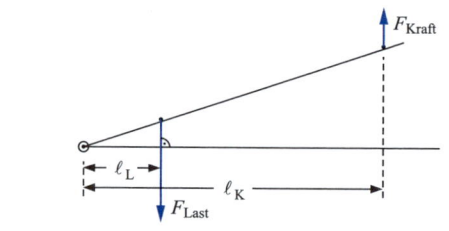

zweiseitiger Hebel

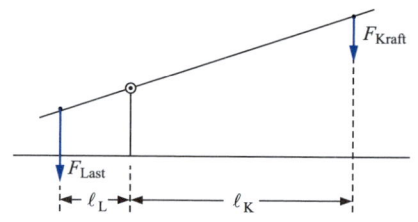

**Drehmoment**  $M = F_K \cdot \ell \cdot \sin \alpha$

$M$: Drehmoment in Nm
$F_K$: Kraft am Kraftarm in N
$\ell$: Kraftarm in m
$\alpha$: Winkel zwischen Kraftarm und Kraftrichtung

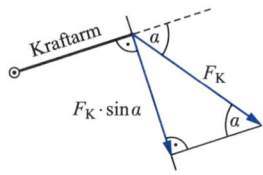

Für $\alpha = 90°$ gilt:  $M = F_K \cdot \ell$

## Schiefe Ebene

**Hangabtriebskraft**     $F_\text{H} = F_\text{G} \cdot \sin \alpha$

$F_\text{H}$: Hangabtriebskraft in N
$F_\text{G}$: Gewichtskraft in N
$\alpha$:  Neigungswinkel der schiefen Ebene

**Aufliegerkraft**     $F_\text{N} = F_\text{G} \cdot \cos \alpha$

$F_\text{N}$: Aufliegerkraft in N

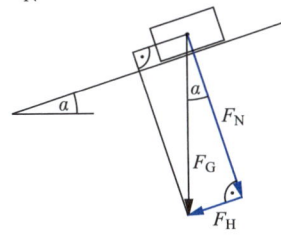

## Feste Rolle/Lose Rolle/Flaschenzug

**Feste Rolle**     $F_\text{Z} = F_\text{Hub}$
$s_\text{Z} = s_\text{Hub}$

$F_\text{Z}, F_\text{Hub}$:  Zug- bzw. Hubkraft in N
$s_\text{Z}, s_\text{Hub}$:  Zuglänge bzw. Hubhöhe in m

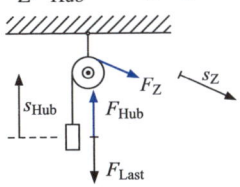

**Lose Rolle**     $F_\text{Z} = \dfrac{1}{2} \cdot F_\text{Hub}$
$s_\text{Z} = 2 \cdot s_\text{Hub}$

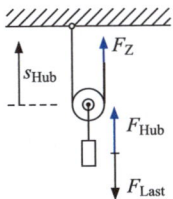

**Flaschenzug** 
$$F_Z = \frac{1}{n} \cdot F_{Hub}$$

$$s_Z = n \cdot s_{Hub}$$

$n$: Anzahl der tragenden Seilstücke

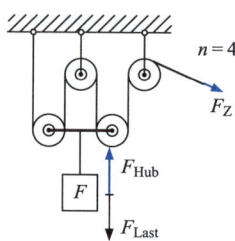

## Arbeit, Energie und Leistung
**Arbeit** 
$$W = F \cdot s$$

$W$: Arbeit in J
$F$: Kraft in N
$s$: Weg in m

### Energie
Beim Arbeiten wird Energie umgewandelt, wobei die umgewandelte Energie so groß ist wie die verrichtete Arbeit. Es gelten daher die Formeln und Zusammenhänge der Arbeit.

Potenzielle Energie 
$$E_{pot} = m \cdot g \cdot h$$

$E_{pot}$: potenzielle Energie in J
$m$: Masse in kg
$g$: Erdbeschleunigung in $\frac{m}{s^2}$
$h$: Hubhöhe in m

Kinetische Energie 
$$E_{kin} = \frac{1}{2} \cdot m \cdot v^2$$

$E_{kin}$: kinetische Energie in J
$v$: Geschwindigkeit in $\frac{m}{s}$

Bei **Energieumwandlungen** sind die Energieeinheiten Joule, Wattsekunden und Newtonmeter gleichberechtigt:

$$1 \, J = 1 \, Ws = 1 \, Nm$$

**Leistung**

$$P = \frac{W}{t}$$

$P$: Leistung in W
$W$: Arbeit in J
$t$:  Zeit in s

**Wirkungsgrad**

$$\eta = \frac{W_{\text{Nutz}}}{W_{\text{ein}}}$$

$\eta$:  Wirkungsgrad in %
$W_{\text{Nutz}}$: Nutzarbeit in J
$W_{\text{ein}}$:  eingesetzte Arbeit in J

## Geradlinige Bewegungen

**Geschwindigkeit**

$$v = \frac{\Delta s}{\Delta t}$$

$v$:  Geschwindigkeit in $\frac{\text{m}}{\text{s}}$
$\Delta s$: zurückgelegter Weg in m
$\Delta t$: benötigte Zeit in s

Für die Angabe von Geschwindigkeiten sind verschiedene weitere Maßeinheiten gebräuchlich, z. B. $\frac{\text{km}}{\text{h}}$, mph (Miles per hour), Knoten (Schifffahrt), Mach (bei Überschallgeschwindigkeiten), c (Lichtgeschwindigkeit). Für die Umrechnung gelten folgende Beziehungen:

$$1\,\frac{\text{m}}{\text{s}} \xrightarrow{\cdot 3,6} 1\,\frac{\text{km}}{\text{h}}$$

$$1\,\frac{\text{m}}{\text{s}} \xleftarrow{: 3,6} 1\,\frac{\text{km}}{\text{h}}$$

$$1\,\text{mph} \approx 1,609\,\frac{\text{km}}{\text{h}}$$

$$1\,\text{kn} = \frac{1\,\text{Seemeile}}{1\,\text{Stunde}} \approx 1,852\,\frac{\text{km}}{\text{h}}$$

$$\text{mach}\,1 = \text{Schallgeschwindigkeit} \cdot 1 \approx 340\,\frac{\text{m}}{\text{s}} \cdot 1$$

$$c \approx 300\,000\,\frac{\text{km}}{\text{s}}$$

**Beschleunigung**         $a = \dfrac{\Delta v}{\Delta t}$

$a$: Beschleunigung in $\frac{\mathrm{m}}{\mathrm{s}^2}$

$\Delta v$: Änderung der Geschwindigkeit in $\frac{\mathrm{m}}{\mathrm{s}}$

$\Delta t$: benötigte Zeit in s

**Gleichförmige geradlinige Bewegung**

$$s = v \cdot t + s_0$$

$s$: insgesamt zurückgelegter Weg in m

$s_0$: bisher zurückgelegter Weg in m

**Gleichmäßig beschleunigte Bewegung**

$$s = \frac{1}{2} a \cdot t^2 + v_0 \cdot t + s_0$$

$$v = a \cdot t + v_0$$

$v_0$: Anfangsgeschwindigkeit in $\frac{\mathrm{m}}{\mathrm{s}}$

**Bremsweg eines Fahrzeugs**

$$s_\mathrm{B} = \frac{v_0^2}{2 \cdot a}$$

$s_\mathrm{B}$: Bremsweg in m

**Freier Fall**         $h = \dfrac{1}{2} \cdot a \cdot t^2$

$$\Delta v = a \cdot \Delta t$$

$h$: Fallhöhe in m

$\Delta v$: Geschwindigkeitsänderung in $\frac{\mathrm{m}}{\mathrm{s}}$

Auf der Erde gilt für $a$ der Wert der **Erdbeschleunigung** $g \approx 9,81 \frac{\mathrm{m}}{\mathrm{s}^2}$.

## Kreisbewegung

**Kreisgeschwindigkeit**   $v_\mathrm{B} = \dfrac{2 \cdot \pi \cdot r}{T}$   bzw.   $v_\mathrm{B} = 2 \cdot \pi \cdot r \cdot n$

$v_\mathrm{B}$: Bahngeschwindigkeit in $\frac{\mathrm{m}}{\mathrm{s}}$

$r$: Kreisradius in m

$T$: Zeit für 1 Umdrehung in s

$n$: Drehzahl pro Zeit $\left(n = \frac{1}{T}\right)$

**Zentralkraft**

$$F_Z = \frac{m \cdot v_B^2}{r}$$

$F_Z$: Zentralkraft in N
$m$: Masse in kg

# Druck

**Druck**

$$p = \frac{F}{A}$$

$p$: Druck in Pa (**Pascal**).
  Weitere Einheit: 1 **bar** = $10^5$ Pa
$F$: Kraft in N
$A$: Fläche in $m^2$

**Schweredruck**

$$p_S = \rho \cdot g \cdot h$$

$p_S$: Schweredruck in Pa
$\rho$: Dichte in $\frac{kg}{m^3}$
$g$: Erdbeschleunigung in $\frac{m}{s^2}$
$h$: Höhe/Tiefe in m

# Reibung

**Haftreibung**

$$\mu_{Haft} = \frac{F_{Haft}}{F_G}$$

**Gleitreibung**

$$\mu_{Gleit} = \frac{F_{Gleit}}{F_G}$$

**Rollreibung**

$$\mu_{Roll} = \frac{F_{Roll} \cdot r}{F_G}$$

$\mu_{Haft}, \mu_{Gleit}, \mu_{Roll}$: Reibungszahlen bei Haft-,
  Gleit- bzw. Rollreibung
$F_{Haft}, F_{Gleit}, F_{Roll}$: Reibungskräfte bei Haft-,
  Gleit- bzw. Rollreibung in N
$F_G$: Gewichtskraft des bewegten
  Körpers in N
$r$: Radius des rollenden Rades
  in m

# 5 Elektrizität

## Gleichstrom

**Stromstärke** $\qquad I = \dfrac{Q}{t}$

$I$: elektrische Stromstärke in A (**Ampère**)
$Q$: elektrische Ladung in C (**Coulomb**)
$t$: Zeit in s

**Spannung** $\qquad U = \dfrac{W}{Q}$

$U$: elektrische Spannung in V (**Volt**)
$W$: elektrische Arbeit in J

**Widerstand** $\qquad R = \dfrac{U}{I}$

$R$: elektrischer Widerstand in Ω (**Ohm**)

**Ohm'sches Gesetz** $\qquad \dfrac{U}{I} = $ konstant

**elektrischer Widerstand eines Drahtes**

$$R_{\mathrm{D}} = \rho \cdot \dfrac{\ell}{A}$$

$R_{\mathrm{D}}$: elektrischer Widerstand des Drahtes in Ω
$\rho$: spezifischer Widerstand des Materials in Ωm.
Weitere gebräuchliche Maßeinheit: $\dfrac{\Omega \cdot \mathrm{mm}^2}{\mathrm{m}}$
$\ell$: Länge des Drahtes in m
$A$: Querschnittsfläche des Drahtes in $\mathrm{m}^2$
(bzw. $\mathrm{mm}^2$)

**elektrische Leistung** $\qquad P = U \cdot I$

$P$: elektrische Leistung in W (**Watt**)

**elektrische Arbeit**
**elektrische Energie** $\qquad W = U \cdot I \cdot t \quad$ bzw. $\quad W = P \cdot t$

$W$: elektrische Arbeit bzw. Energie in Ws.
Weitere Maßeinheit: kWh (**Kilowattstunde**)

Bei **Energieumwandlungen** sind die Energieeinheiten Joule, Wattsekunden und Newtonmeter gleichberechtigt:

$$1\,\text{J} = 1\,\text{Ws} = 1\,\text{Nm}$$

**Reihenschaltung**

$$U_{\text{Ges}} = U_1 + U_2 + ... + U_n$$

$$I_{\text{Ges}} = I_1 = I_2 = ... = I_n$$

$$R_{\text{Ges}} = R_1 + R_2 + ... + R_n$$

$U_{\text{Ges}}$: Gesamtspannung in V
$U_n$: Einzelspannung in V ($n = 1, 2, ...$)
$I_{\text{Ges}}$: Gesamtstromstärke in A
$I_n$: Einzelstromstärke in A ($n = 1, 2, ...$)
$R_{\text{Ges}}$: Gesamtwiderstand in $\Omega$
$R_n$: Einzelwiderstand in $\Omega$ ($n = 1, 2, ...$)

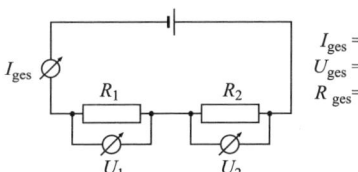

$$I_{\text{ges}} = I_1 = I_2$$
$$U_{\text{ges}} = U_1 = U_2$$
$$R_{\text{ges}} = R_1 = R_2$$

Spannungsteilerregel:
$$\frac{U_1}{U_2} = \frac{R_1}{R_2}$$

**Parallelschaltung**

$$U_{\text{Ges}} = U_1 = U_2 = ... = U_n$$

$$I_{\text{Ges}} = I_1 + I_2 + ... + I_n$$

$$\frac{1}{R_{\text{Ges}}} = \frac{1}{R_1} + \frac{1}{R_2} + ... + \frac{1}{R_n}$$

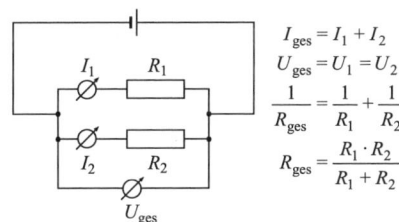

$$I_{\text{ges}} = I_1 + I_2$$
$$U_{\text{ges}} = U_1 = U_2$$
$$\frac{1}{R_{\text{ges}}} = \frac{1}{R_1} + \frac{1}{R_2}$$
$$R_{\text{ges}} = \frac{R_1 \cdot R_2}{R_1 + R_2}$$

Stromteilerregel:
$$\frac{I_1}{I_2} = \frac{R_2}{R_1}$$

## Wechselstrom

**Effektivwerte**

$$U_{eff} = \frac{u_{max}}{\sqrt{2}}$$

$U_{eff}$: Effektivwert der Spannung in V
$u_{max}$: Scheitelwert der Spannung in V

$$I_{eff} = \frac{i_{max}}{\sqrt{2}}$$

$I_{eff}$: Effektivwert der Stromstärke in A
$i_{max}$: Scheitelwert der Stromstärke in A

**Scheinleistung**

$$P_S = U_{eff} \cdot I_{eff}$$

$P_S$: Scheinleistung in W

## Transformator

**Spannungsübersetzung**

$$\frac{U_1}{U_2} = \frac{N_1}{N_2}$$

$U_1$: Primärspannung
$U_2$: Sekundärspannung
$N_1$: Windungszahl der Primärspule
$N_2$: Windungszahl der Sekundärspule

**Stromstärkenübersetzung**

$$\frac{I_1}{I_2} = \frac{N_2}{N_1}$$

$I_1$: Primärstromstärke
$I_2$: Sekundärstromstärke

# 6 Radioaktivität

**Radioaktivität**

$$A = \frac{N}{t}$$

$A$: Aktivität in Bq (**Becquerel**).
Weitere Maßeinheit: 1 Ci (**Curie**) = $37 \cdot 10^9$ Bq
$N$: Anzahl der Zerfälle
$t$: Zeit in s

**Energiedosis**

$$D = \frac{E_a}{m}$$

$D$: Energiedosis in Gy (**Gray**).
Weitere Maßeinheit: 1 rd (**Rad**) = 0,01 Gy
$E_a$: absorbierte Energie in J
$m$: Masse in kg

**Äquivalentdosis**

$$D_q = D \cdot q$$

$D_q$: Äquivalentdosis in Sv (**Sievert**).
Weitere Maßeinheit: 1 **rem** = 0,01 Sv
$q$: Bewertungsfaktor für die biologische Wirkung

# Chemie

## 1 Einteilung der Stoffe

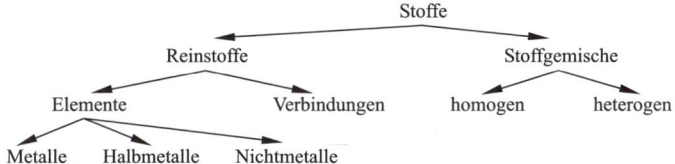

## 2 Die chemische Bindung

### Metallbindung

Metallatome lagern sich zu Metallgittern zusammen. Zwischen den Atomrümpfen befinden sich die beweglichen Valenzelektronen als Elektronengas.

### Ionenbindung

Metallkationen ($Me^{n+}$) und Nichtmetallanionen ($A^{m-}$) lagern sich aufgrund elektrostatischer Anziehungskräfte zwischen entgegengesetzt geladenen Ionen zu einem Salzgitter zusammen.

### Atombindung (Elektronenpaarbindung)

Nichtmetallatome bilden Moleküle, indem sie Elektronen gemeinsam nutzen.

Zwischen den Molekülen herrschen schwache Bindungskräfte:

- Van-der-Waals-Kräfte (Anziehung aufgrund kurzlebiger Dipole)
- Dipol-Dipol-Wechselwirkung (Anziehung aufgrund permanenter Dipole)
- Wasserstoffbrückenbindung zwischen einem positiv polarisierten Wasserstoffatom und einem Atom mit hoher Elektronegativität und mindestens einem freien Elektronenpaar

# 3 Periodensystem der Elemente (PSE)

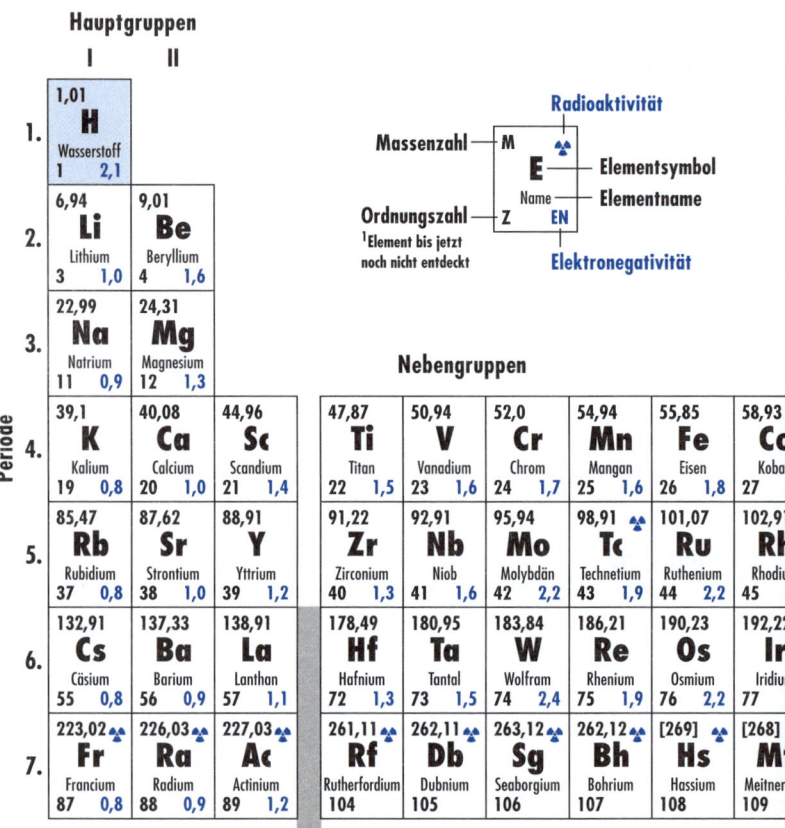

## Hauptgruppen

| | III | IV | V | VI | VII | VIII |
|---|---|---|---|---|---|---|
| | | | | | | 4,0 **He** Helium 2 |
| | 10,81 **B** Bor 5  2,0 | 12,01 **C** Kohlenstoff 6  2,5 | 14,01 **N** Stickstoff 7  3,0 | 16,0 **O** Sauerstoff 8  3,5 | 19,0 **F** Fluor 9  4,0 | 20,18 **Ne** Neon 10 |
| **Nebengruppen** | 26,98 **Al** Aluminium 13  1,6 | 28,09 **Si** Silicium 14  1,9 | 30,97 **P** Phosphor 15  2,2 | 32,07 **S** Schwefel 16  2,6 | 35,45 **Cl** Chlor 17  3,2 | 39,95 **Ar** Argon 18 |

| ,69 **Ni** Nickel  1,9 | 63,55 **Cu** Kupfer 29  1,9 | 65,39 **Zn** Zink 30  1,7 | 69,72 **Ga** Gallium 31  1,8 | 72,64 **Ge** Germanium 32  2,0 | 74,92 **As** Arsen 33  2,2 | 78,96 **Se** Selen 34  2,6 | 79,9 **Br** Brom 35  3,0 | 83,8 **Kr** Krypton 36 |
|---|---|---|---|---|---|---|---|---|
| 6,42 **Pd** alladium  2,2 | 107,87 **Ag** Silber 47  1,9 | 112,41 **Cd** Cadmium 48  1,7 | 114,82 **In** Indium 49  1,8 | 118,71 **Sn** Zinn 50  1,8 | 121,76 **Sb** Antimon 51  2,1 | 127,6 **Te** Tellur 52  2,1 | 126,9 **I** Iod 53  2,7 | 131,29 **Xe** Xenon 54 |
| 5,08 **Pt** Platin  2,3 | 196,97 **Au** Gold 79  2,5 | 200,59 **Hg** Quecksilber 80  2,0 | 204,38 **Tl** Thallium 81  2,0 | 207,2 **Pb** Blei 82  1,9 | 208,98 **Bi** Bismut 83  2,0 | 208,98 ☢ **Po** Polonium 84  2,0 | 209,99 ☢ **At** Astat 85  2,2 | 222,02 ☢ **Rn** Radon 86 |
| 71] ☢ **Ds** mstadtium 0 | [272] ☢ **Rg** Roentgenium 111 | [285] ☢ **Uub** Ununbium 112 | [284] ☢ **Uut** Ununtrium (113)[1] | [289] ☢ **Uuq** Ununquadium 114 | [288] ☢ **Uup** Ununpentium (115)[1] | [292] ☢ **Uuh** Ununhexium 116 | | |

| 4,93 **Ho** olmium  1,2 | 167,26 **Er** Erbium 68  1,2 | 168,93 **Tm** Thulium 69  1,3 | 173,04 **Yb** Ytterbium 70  1,1 | 174,97 **Lu** Lutetium 71  1,2 |
|---|---|---|---|---|
| 2,08 ☢ **Es** steinium | 257,10 ☢ **Fm** Fermium 100 | 258,10 ☢ **Md** Mendelevium 101 | 259,10 ☢ **No** Nobelium 102 | 260,12 ☢ **Lr** Lawrencium 103 |

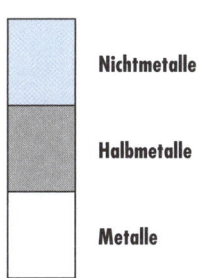

Nichtmetalle

Halbmetalle

Metalle

# 4 Wichtige Begriffe und Größen

| | | |
|---|---|---|
| Avogadro-Konstante $N_A$ | | $6 \cdot 10^{23}$ Teilchen |
| Elektronegativität $EN$ | | Maß für die Fähigkeit eines Atoms, die Elektronen in einer Atombindung an sich zu ziehen |
| Isomere | | Verbindungen mit gleicher Summenformel, aber unterschiedlicher Struktur |
| Konzentration $c$ | $\dfrac{\text{mol}}{\ell}$ | Anzahl Mol eines Stoffes in einem Liter |
| Löslichkeit | $\dfrac{\text{g}}{\ell}$ | |
| MAK | | maximale Arbeitsplatzkonzentration (höchstzulässige Konzentration eines Stoffes in der Luft an einem Arbeitsplatz) |
| Masse $m$ | kg (g, mg) | |
| Mol $n$ | mol | Angabe für eine Stoffmenge (1 Mol: $6 \cdot 10^{23}$ Teilchen) |
| Molare Masse $M$ | $\dfrac{\text{g}}{\text{mol}}$ | $M = \dfrac{m}{n}$ <br><br> Masse, die ein Mol eines Stoffes aufweist |
| Molvolumen $V_m$ | $\dfrac{\ell}{\text{mol}}$ | $V_m = \dfrac{V}{n}$ <br><br> 1 Mol eines Gases nimmt bei 0 °C und 101,3 kPa das Volumen 22,4 $\ell$ ein |
| ppm | | *parts per million* (Teilchenanzahl eines Stoffes in einer Millionen Teilchen) |

# 5 Massengesetz

**1. Massengesetz: Gesetz von der Erhaltung der Masse**
Bei chemischen Reaktionen ist die Masse der Ausgangsstoffe und die Masse der Endstoffe gleich.
(Anmerkung: Alle an der Reaktion beteiligten Stoffe müssen beim Wiegen erfasst werden.)

**2. Massengesetz: Gesetz der konstanten Massenverhältnisse**
In einer Verbindung sind die Elemente stets in einem bestimmten Massenverhältnis enthalten.

# 6 Elektrochemie

| | |
|---|---|
| **Oxidation:** | Abgabe von Elektronen (vereinfacht: Aufnahme von Sauerstoff) |
| **Reduktion:** | Aufnahme von Elektronen (vereinfacht: Abgabe von Sauerstoff) |
| **Oxidationsmittel:** | ein Stoff, der den Reaktionspartner oxidiert, er selbst wird dabei reduziert |
| **Reduktionsmittel:** | ein Stoff, der den Reaktionspartner reduziert, er selbst wird dabei oxidiert |
| **Redoxreaktion:** | eine Reaktion, die aus zwei Teilreaktionen besteht, der Reduktion und der Oxidation |

### Spannungsreihe einiger Elemente

(ausgewählte Metalle und Nichtmetalle; die angegebenen Spannungen ergeben sich in Kombination mit der Normalwasserstoffhalbzelle bei 25 °C, 101,3 kPa und $c_{\text{Lösung}} = 1 \frac{\text{mol}}{\ell}$ )

| Reduktionsmittel | | Oxidationsmittel | $+ z \cdot e^-$ | $U$ (V) |
|---|---|---|---|---|
| K | ⇌ | $K^+$ | $+ e^-$ | $-2{,}92$ |
| Ca | ⇌ | $Ca^{2+}$ | $+ 2 \cdot e^-$ | $-2{,}76$ |
| Na | ⇌ | $Na^+$ | $+ e^-$ | $-2{,}71$ |
| Mg | ⇌ | $Mg^{2+}$ | $+ 2 \cdot e^-$ | $-2{,}36$ |
| Al | ⇌ | $Al^{3+}$ | $+ 3 \cdot e^-$ | $-1{,}66$ |
| Zn | ⇌ | $Zn^{2+}$ | $+ 2 \cdot e^-$ | $-0{,}76$ |
| $S^{2-}$ | ⇌ | S | $+ 2 \cdot e^-$ | $-0{,}51$ |
| Fe | ⇌ | $Fe^{2+}$ | $+ 2 \cdot e^-$ | $-0{,}41$ |
| Ni | ⇌ | $Ni^{2+}$ | $+ 2 \cdot e^-$ | $-0{,}23$ |
| Pb | ⇌ | $Pb^{2+}$ | $+ 2 \cdot e^-$ | $-0{,}13$ |
| **H₂** | ⇌ | **2 H⁺** | $\mathbf{+ 2 \cdot e^-}$ | **0** |
| Cu | ⇌ | $Cu^{2+}$ | $+ 2 \cdot e^-$ | $+0{,}35$ |
| $2 I^-$ | ⇌ | $I_2$ | $+ 2 \cdot e^-$ | $+0{,}54$ |
| Ag | ⇌ | Ag | $+ e^-$ | $+0{,}80$ |
| Hg | ⇌ | $Hg^{2+}$ | $+ 2 \cdot e^-$ | $+0{,}85$ |
| $2 Br^-$ | ⇌ | $Br_2$ | $+ 2 \cdot e^-$ | $+1{,}07$ |
| $2 Cl^-$ | ⇌ | $Cl_2$ | $+ 2 \cdot e^-$ | $+1{,}36$ |
| Au | ⇌ | $Au^{3+}$ | $+ 3 \cdot e^-$ | $+1{,}42$ |
| $2 F^-$ | ⇌ | $F_2$ | $+ 2 \cdot e^-$ | $+2{,}85$ |

# 7 Säure, Base, Neutralisation

### Definition nach Brönsted
Säuren geben Protonen (H+) ab, sie sind Protonenspender
(Protonendonatoren);
Basen nehmen Protonen (H+) auf, sie sind Protonenempfänger
(Protonenakzeptoren)

### Protolyse
Eine Reaktion, bei der eine Säure ihr Proton auf eine Base überträgt

$$HA \longrightarrow A^- + H^+$$
Säure            Säure-Restion

$$B + H^+ \longrightarrow BH^+$$
Base            protonierte Base

Gesamtreaktion:
$$HA + B \longrightarrow A^- + BH^+$$

### Skala pH-Werte

0  1  2  3  4  5  6  **7**  8  9  10  11  12  13  14

sauer        **neutral**        alkalisch

### Neutralisation
$$\text{Säure} + \text{Base} \longrightarrow \text{Salz} + \text{Wasser}$$

### Titration
Verfahren zur Bestimmung der Konzentration einer Säure bzw. einer
Base

Für die Berechnung gilt folgender Zusammenhang:
$$n = c \cdot V$$
Am Äquivalenzpunkt gilt:
$$n_{\text{Säure}} = n_{\text{Base}}$$
$$c_{\text{Säure}} \cdot V_{\text{Säure}} = c_{\text{Base}} \cdot V_{\text{Base}}$$

# 8 Stoffgruppen in der Organischen Chemie

## Kohlenwasserstoffe

| Name | funktionelle Gruppe | |
|------|---------------------|---|
| Alkane | nur Einfachbindungen, gesättigt | $-\overset{\displaystyle |}{\underset{\displaystyle |}{C}}-\overset{\displaystyle |}{\underset{\displaystyle |}{C}}-$ |
| Alkene | Doppelbindung, ungesättigt | $\diagdown C = C \diagup$ |
| Alkine | Dreifachbindung, ungesättigt | $-C \equiv C-$ |
| Aromaten | Aromatische Verbindungen leiten sich vom Benzol ab, einem ebenen Molekül, bei dem 6 Bindungselektronen gleichmäßig auf den Ring verteilt sind. Einfach- und Doppelbindungen können daher nicht unterschieden werden. | Benzol |

## Derivate (Abkömmlinge)

| Name | funktionelle Gruppe | |
|------|---------------------|---|
| Halogenalkane | Halogen | -F, -Cl, -Br, -I |
| Alkanole (Alkohole) | Hydroxylgruppe | $-\underline{O}-H$ |
| Alkanale (Aldehyde) | Carbonylgruppe | $-C\overset{\displaystyle \overline{O}|}{\underset{\displaystyle H}{}}$ |
| Alkanone (Ketone) | Carbonylgruppe | $-\overset{\displaystyle |}{C}-$ |

| | | |
|---|---|---|
| Alkansäuren (Carbonsäuren) | Carboxylgruppe | $-C{\overset{\displaystyle \overline{O}|}{\underset{\displaystyle \underline{\overline{O}}-H}{}}}$ |
| Ether | Alkoxygruppe | $-\underline{\overline{O}}-R$ |
| Ester | Estergruppe | $-C\underset{\displaystyle \overset{\|}{\underset{\displaystyle O}{}}}{}-\underline{\overline{O}}-$ |

# 9 Nährstoffe

**Fette:** Verbindungen aus Glycerin und Fettsäuren (gesättigt oder ungesättigt)

Verknüpfung über eine Estergruppe $\qquad -C\underset{\displaystyle \overset{\|}{O}}{}-\underline{\overline{O}}-$

**Kohlenhydrate:** $C_nH_{2n}O_n$
- Einfachzucker (Monosaccharide)
- Zweifachzucker (Disaccharide)
- Vielfachzucker (Polysaccharide)

Verknüpfung über eine Sauerstoffbrücke $\qquad -\underline{\overline{O}}-$

**Proteine** (Eiweiße):
Verbindungen aus Aminosäuren

Verknüpfung über eine Peptidbindung $\qquad -C\underset{\displaystyle \overset{\|}{\underset{\displaystyle }{}}}{\overset{\displaystyle O}{}}-\underset{\displaystyle \underset{\displaystyle H}{|}}{\overline{N}}-$

# 10 Dichte (bei 25 °C, Gase bei 0 °C)

| Feststoffe | Dichte $\left(\dfrac{g}{cm^3}\right)$ |
|---|---|
| Aluminium | 2,70 |
| Blei | 11,4 |
| Eisen | 7,87 |
| Gold | 19,32 |
| Holz (je nach Holzart) | an der Luft getrocknet zwischen 0,3 und 1 |
| Kalium | 0,86 |
| Kohlenstoff | 3,51 (Diamant), 2,2 (Graphit) |
| Kork | 0,12−0,25 |
| Kunststoff: Polyethylen (je nach Herstellungsverfahren) | 0,91−0,97 |
| Kupfer | 8,94 |
| Magnesium | 1,74 |
| Natrium | 0,97 |
| Natriumchlorid | 2,16 |
| Nickel | 8,9 |
| Schwefel | 2,07 |
| Silber | 10,5 |
| Silicium | 2,33 |
| Zink | 7,13 |

| **Flüssigkeiten** | **Dichte** $\left(\dfrac{g}{cm^3}\right)$ |
|---|---|
| Benzin (je nach Zusammensetzung) | 0,6 – 0,8 |
| Benzol | 0,88 |
| Ethanol | 0,79 |
| Heizöl (je nach Zusammensetzung) | 0,85 –1,2 |
| Methanol | 0,79 |
| Olivenöl | 0,92 |
| Quecksilber | 13,6 |
| Salzsäure (40 Gew %) | 1,2 |
| Schwefelsäure (95 Gew %) | 1,83 |
| Wasser | 1 (bei 4 °C), 0,92 (bei 0 °C, Eis) |
| **Gase** | **Dichte** $\left(\dfrac{g}{\ell}\right)$ |
| Butan | 2,703 |
| Chlor | 3,214 |
| Ethan | 1,356 |
| Fluor | 1,69 |
| Helium | 0,179 |
| Kohlenstoffdioxid | 1,977 |
| Kohlenstoffmonooxid | 1,25 |
| Luft | 1,29 |
| Methan | 0,717 |
| Neon | 0,899 |
| Propan | 2,01 |
| Sauerstoff | 1,429 |
| Stickstoff | 1,251 |
| Wasserstoff | 0,0899 |

# 11 Schmelz- und Siedepunkte

| Feststoffe | Schmelzpunkt (°C) | Siedepunkt (°C) |
|---|---|---|
| Aluminium | 660 | 2 467 |
| Blei | 327 | 1 740 |
| Eisen | 1 535 | 2 750 |
| Gold | 1 064 | 2 940 |
| Kohlenstoff | 3 550 | 4 830 |
| Kupfer | 1 083 | 2 595 |
| Magnesium | 650 | 1 107 |
| Natrium | 98 | 883 |
| Natriumchlorid | 800 | 1 465 |
| Natriumhydroxid | 322 | 1 390 |
| Nickel | 1 453 | 2 730 |
| Schwefel | 119 | 444 |
| Silber | 961 | 2 210 |
| Zink | 419 | 906 |
| **Flüssigkeiten** | | |
| Benzol | 6 | 80 |
| Ethanol | −115 | 78 |
| Methanol | −98 | 65 |
| Quecksilber | −39 | 357 |
| Wasser | 0 | 100 |
| **Gase** | | |
| Butan | −135 | −1 |
| Ethan | −183 | −89 |
| Helium | −271 (unter Druck) | −269 |
| Methan | −182 | −162 |
| Propan | −188 | −42 |
| Sauerstoff | −219 | −183 |
| Stickstoff | −210 | −196 |
| Wasserstoff | −259 | −253 |

# Anhang

## 1 Maßeinheiten

| Längen | | |
|---|---|---|
| Einheit | Abkürzung | Umrechnung |
| 1 Kilometer | 1 km | 1 km = 1000 m |
| 1 Meter | 1 m | 1 m  = 10 dm |
| 1 Dezimeter | 1 dm | 1 dm = 10 cm |
| 1 Zentimeter | 1 cm | 1 cm = 10 mm |
| 1 Millimeter | 1 mm | |

| Hohlmaße | | |
|---|---|---|
| Einheit | Abkürzung | Umrechnung |
| 1 Hektoliter | 1 $h\ell$ | 1 $h\ell$ =  100 $\ell$ |
| 1 Liter | 1 $\ell$ | 1 $\ell$  =  100 $c\ell$ |
| 1 Zentiliter | 1 $c\ell$ | 1 $c\ell$ =  10 $m\ell$ |
| 1 Milliliter | 1 $m\ell$ | |

Beziehungen zwischen Hohlmaßen und Volumen:
$1 \text{ m}^3 = 10 \text{ } h\ell = 1000 \text{ } \ell$
$1 \text{ dm}^3 = 1 \text{ } \ell$

| Zeit | | |
|---|---|---|
| Einheit | Abkürzung | Umrechnung |
| 1 Tag | 1 d | 1 d   = 24 h |
| 1 Stunde | 1 h | 1 h   = 60 min |
| 1 Minute | 1 min | 1 min = 60 s |
| 1 Sekunde | 1 s | |

## Flächen

| Einheit | Abkürzung | Umrechnung |
|---|---|---|
| 1 Quadratkilometer | $1\ km^2$ | $1\ km^2 = 100\ ha$ |
| 1 Hektar | $1\ ha$ | $1\ ha\ = 100\ a$ |
| 1 Ar | $1\ a$ | $1\ a\ \ = 100\ m^2$ |
| 1 Quadratmeter | $1\ m^2$ | $1\ m^2 = 100\ dm^2$ |
| 1 Quadratdezimeter | $1\ dm^2$ | $1\ dm^2 = 100\ cm^2$ |
| 1 Quadratzentimeter | $1\ cm^2$ | $1\ cm^2 = 100\ mm^2$ |
| 1 Quadratmillimeter | $1\ mm^2$ | |

## Volumen

| Einheit | Abkürzung | Umrechnung |
|---|---|---|
| 1 Kubikmeter | $1\ m^3$ | $1\ m^3\ = 1000\ dm^3$ |
| 1 Kubikdezimeter | $1\ dm^3$ | $1\ dm^3 = 1000\ cm^3$ |
| 1 Kubikzentimeter | $1\ cm^3$ | $1\ cm^3 = 1000\ mm^3$ |
| 1 Kubikmillimeter | $1\ mm^3$ | |

## Masse

| Einheit | Abkürzung | Umrechnung |
|---|---|---|
| 1 Tonne | $1\ t$ | $1\ t\ \ = 1000\ kg$ |
| 1 Kilogramm | $1\ kg$ | $1\ kg = 1000\ g$ |
| 1 Gramm | $1\ g$ | $1\ g\ \ = 1000\ mg$ |
| 1 Milligramm | $1\ mg$ | |

## 2 Internationale Maßeinheiten

| Einheit | Abkürzung | Umrechnung | |
|---|---|---|---|
| 1 inch (Zoll) | 1 in | 1 in | ≈ 2,54 cm |
| 1 foot | 1 ft | 1 ft | ≈ 3,048 dm |
| 1 yard | 1 yrd | 1 yrd | ≈ 9,144 dm |
| 1 mile | 1 mi. | 1 mi. | ≈ 1,609 km |
| 1 Seemeile | 1 sm | 1 sm | ≈ 1,852 km |
| 1 Faden | 1 fm., 1 fth. | 1 fm. | ≈ 1,829 m |
| 1 Registertonne | 1 RT | 1 RT | ≈ 2,829 m$^3$ |
| 1 barrel | 1 bbl. | 1 bbl. | ≈ 159,11 $\ell$ (GB) |
| | | 1 bbl. | ≈ 158,99 $\ell$ (USA) |
| 1 US Gallone | 1 US.gal | 1 US.gal | ≈ 3,785 $\ell$ |
| 1 Pfund | 1 lb. | 1 lb. | ≈ 0,454 kg |
| 1 Unze | 1 oz. | 1 oz. | ≈ 28,3 g |
| 1 Feinunze | 1 tr.oz. | 1 tr.oz. | ≈ 31,1 g |

## 3 Vorsilben für dezimale Vielfache oder Teile von Maßeinheiten

| Zehnerpotenz | $10^{-15}$ | $10^{-12}$ | $10^{-9}$ | $10^{-6}$ | $10^{-3}$ | $10^{-2}$ | $10^{-1}$ |
|---|---|---|---|---|---|---|---|
| Abkürzung | f | p | n | µ | m | c | d |
| Bezeichnung | Femto | Pico | Nano | Mikro | Milli | Zenti | Dezi |

| Zehnerpotenz | $10^1$ | $10^2$ | $10^3$ | $10^6$ | $10^9$ | $10^{12}$ | $10^{15}$ |
|---|---|---|---|---|---|---|---|
| Abkürzung | da | h | k | M | G | T | P |
| Bezeichnung | Deka | Hekto | Kilo | Mega | Giga | Tera | Peta |

## 4   Das griechische Alphabet

| Alpha | $\alpha$ | A | Jota | $\iota$ | I | Rho | $\rho$ | P |
|---|---|---|---|---|---|---|---|---|
| Beta | $\beta$ | B | Kappa | $\kappa$ | K | Sigma | $\sigma$ | $\Sigma$ |
| Gamma | $\gamma$ | $\Gamma$ | Lambda | $\lambda$ | $\Lambda$ | Tau | $\tau$ | T |
| Delta | $\delta$ | $\Delta$ | My | $\mu$ | M | Ypsilon | $\upsilon$ | Y |
| Epsilon | $\varepsilon$ | E | Ny | $\nu$ | N | Phi | $\varphi$ | $\Phi$ |
| Zeta | $\zeta$ | Z | Xi | $\xi$ | $\Xi$ | Chi | $\chi$ | X |
| Eta | $\eta$ | H | Omikron | o | O | Psi | $\psi$ | $\Psi$ |
| Theta | $\vartheta$ | $\Theta$ | Pi | $\pi$ | $\Pi$ | Omega | $\omega$ | $\Omega$ |

# Stichwortverzeichnis

## Mathematik

# Physik

## Chemie